# 레이저의 구조와 원리

# Structure and Principle of Laser

컬러판

레이저의 구조와 원리(컬러판)

**발 행** | 2020년 09월 09일
**저 자** | 정종영
**펴낸이** | 한건희
**펴낸곳** | 주식회사 부크크
**출판사등록** | 2014.07.15.(제2014-16호)
**주 소** | 서울특별시 금천구 가산디지털1로 119 SK트윈타워 A동 305호
**전 화** | 1670-8316
**이메일** | info@bookk.co.kr

**ISBN** | 979-11-372-1758-4

**www.bookk.co.kr**

# 레이저의 구조와 원리

# Structure and Principle of Laser

## 컬러판

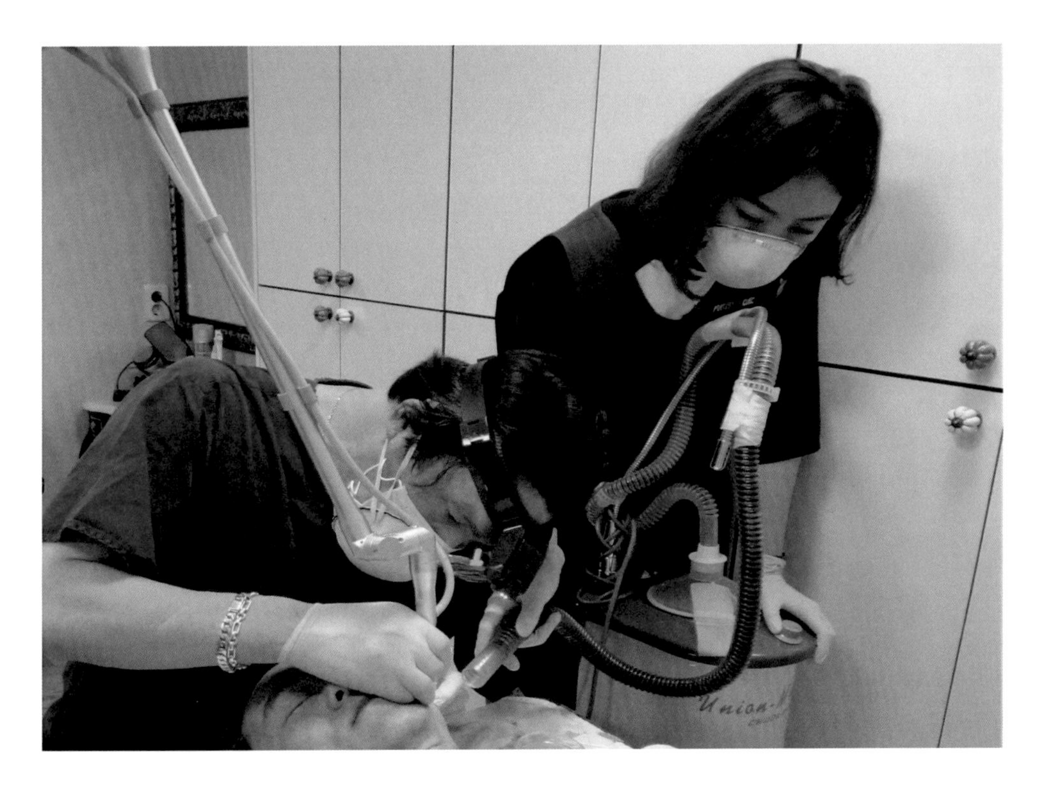


**의학박사 정종영**

대한기미학회 회장

대한임상피부관리학회 회장

청주 메어리벳의원 원장

**Jong Yeong Jeong, MD**

President of KMSCS & KAM

Marybeth Clinic

Cheongju, Korea

# 저자소개

## 약력


한양대학교 의과대학 졸업
고려대학교 의과대학원 의학박사
(전)대한의사협회 국민의학지식향상위원회 실무위원
(전)대한미용웰빙학회 자문위원
(전)대한일차진료학회 초대, 2대 회장
(전)대한일차진료학회 스킨케어 아카데미 주관강사
(전)대한일차진료학회 피부질환 핸드온코스 주관강사
(전)대한임상레이저학회 회장
(현)대한임상피부관리연구회 회장
(현)대한임상피부관리학회 회장
(현)대한기미학회 회장
(현)북유럽그릇 수집가
(현)청주 메어리벳의원 원장

## 저서

여드름
임상여드름학
피부일차진료학
임상적 피부관리
아틀라스 피부관리학
아틀라스 필링 매뉴얼
한국에 흔한 피부질환
한국의 알레르기접촉피부염
아토피피부염의 진단과 치료
피부질환의 일차진료 1권
피부질환의 일차진료 2권
피부질환의 일차진료 3권
피부질환의 일차진료 (1)
피부 $CO_2$ 레이저
기미 - 기미의 진단과 치료
$CO_2$ Laser, Nd:YAG Laser & IPL
정종영의 피부질환
$CO_2$ laser를 이용한 다양한 술기(computer file)
과학적인 스킨케어(감역)
진료실에서 보는 피부질환(감수)
모든 진료에 도움이 되는 피부진료의 요령(감수)

# 목차



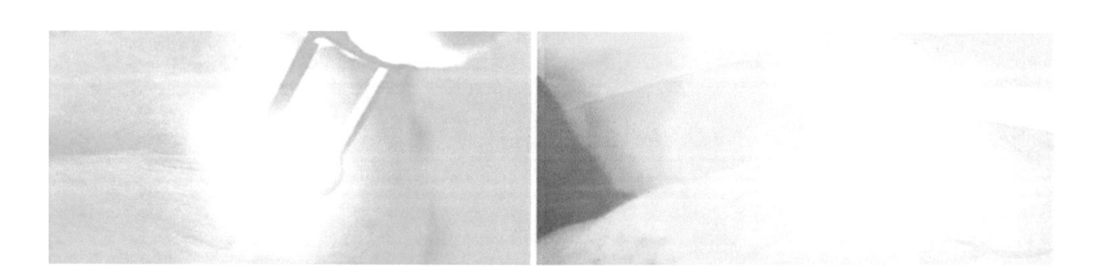

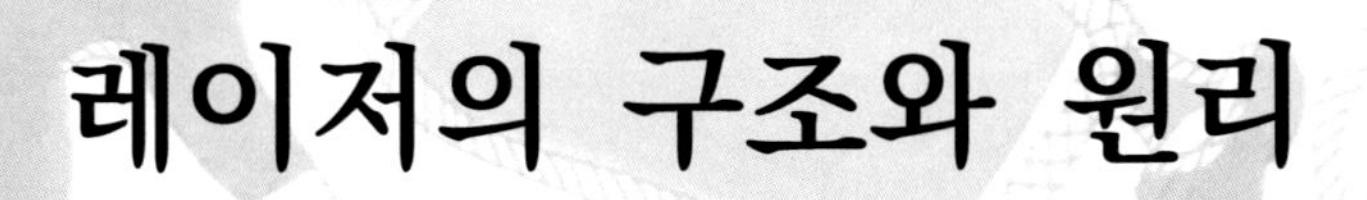

# 레이저의 구조와 원리

## Structure and Principle of Laser

컬러판

# 제1장. 레이저의 역사

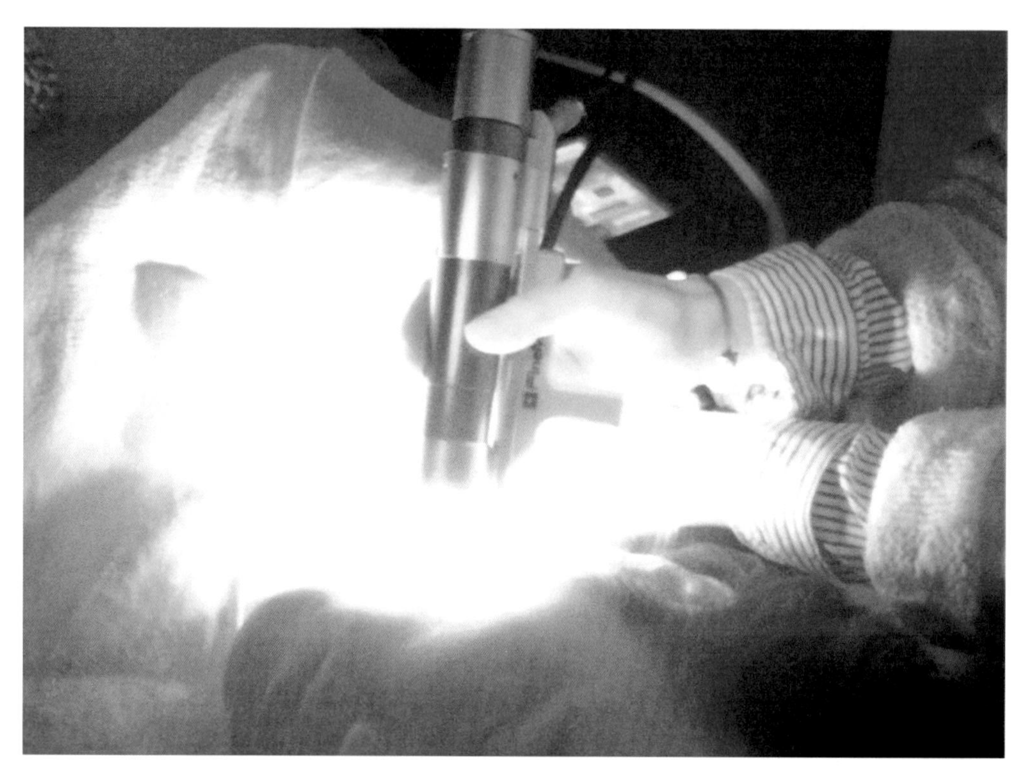

사진 1-1. 레이저 시술

## 1. 레이저의 발명

1900년 Max Planck의 양자론(quantum theory)은 에너지의 방사 및 흡수는 양자(量子)라고 부르는 확정량(確定量)에서 일어나며, 양자는 E=h$\nu$(h는 Planck정수, $\nu$는 방사의 진동수)로 결정되는 가변량(可變量)이라는 설로서, 흑체법칙에 대한 연구를 하면서 시작이 되었지만, 많은 다른 분야에도 적용되는 것으로 밝혀지면서 현대 물리학 연구의 가장 중요한 길잡이가 되었다. 특히 레이저는 1916년 Einstein이 양자론에 관한 논문에서 언급한 유도방출(Einstrahlung: stimulated emission)의 개념을 근거로 발전하게 되었다.

사진 1-2. Albert Einstein (1879-1955)

1928년 Kopfermann과 Ladenburg는 유도방출에 대한 간접 증거를 보고하였으나, 당시의 물리학자들은 이를 별로 실용적 가치가 없는 것으로 평가하였다. 1940년 Fabrikant는 기체 방전 내 유도방출이 적절한 조건 아래에서 빛을 증폭시킬 수 있을 것으로 제안하였지만, 공진기를 특정하지 않았고 오랫동안 그의 제안에 대해 추적 검토되지 않았다.

1950년 Lamb Jr.와 Retherford는 핵자기 공명(nuclear magnetic resonance)에 의한 밀도반전(population inversions)을 실현하였고, Purcell과 Pound는 50kHz radio waves의 유도방출을 관찰하기 위해 그 효과를 사용하였다. 1951년 Townes는 다음 단계로 마이크로파 진동수에서 유도방출이 공진 공동(resonant cavity) 내에서 진동하여 coherent output을 생성할 수 있다고 제안하였고, 1954년에 비로소 Townes 등이 Einstein의 학설에 기초를 두고 레이저의 전 단계인 메이저(MASER:

microwave amplification by stimulated emission of radiation)를 개발하고 Physical Review지에 처음 기고하기에 이르렀고, 같은 시기에 독자적으로 소련의 Basov과 Prokhorov 역시 메이저 개발에 핵심적인 연구를 수행하였으며, 이 세 사람은 1964년 MASER-LASER 원리에 기초한 발진기와 증폭기의 개발이라는 양자전자공학의 중요한 연구에 대한 업적으로 노벨 물리학상을 공동 수상하게 된다.

사진 1-3. Charles H. Townes, Nicolay G. Basov, Aleksandr M. Prokhorov (The Nobel Foundation)

MASER는 그 이름이 말해주듯이 강력한 마이크로파를 생성하는 장치이다. 그것은 물질과 복사에너지의 양자역학적인 상호작용을 직접 적용하는 그 당시에는 다소 새로운 방식으로 등장하였다. 하지만 많은 사람들이 회의적으로 보았던 Townes의 메이저가 작동하기 시작하면서, 이후 몇 년간 Townes를 포함한 물리학자들은 마이크로파가 아니라 빛의 형태로 에너지를 방출할 수 있는 개량형 연구에 몰두했다. 마침내 1958년 Townes와 Schawlow는 메이저를 가시광선 영역으로 적용시킨 소위

'Optical Maser'에 대해 자세히 기고하였고, 이는 'coherent light source'를 만들고자 하는 많은 과학자들의 꿈의 레이스에 불을 당겼다.

한편 1958년 Makov 등은 루비를 이용한 고체 메이저를 개발하였다. Townes의 메이저는 암모니아 분자를 사용하여 분자의 특성을 이용해 마이크로파를 증폭시켰는데 커다란 진공실이 필요하며 출력도 낮았으나, 고체 메이저는 고체 속의 이온이 가지는 고유진동수를 이용해 분자 메이저보다 훨씬 강력한 성능을 보였다. 하지만 고체 메이저를 작동시키려면 극저온으로 냉각시켜야 했고 강한 영구 자기장이 필요했다.

사진 1-4. Theodore Harold Maiman (1927-2007)과 그의 레이저

'LASER(Light Amplification by Stimulated Emission of Radiation)'라는 합성어가 1959년 Gould의 conference paper를 통해 처음 대중에게 소개되었으며, 수많은 연구자들을 제치고 드디어 1960년 5월 16일 Maiman은 플래시램프로부터의 강한 빛을 이용하여 루비크리스탈을 자극함으로써 693.7nm의 레이저 빔을 최초로 발사하는 역사적인 영예를 안게 되었다.

1961년 Hellwarth과 McClung은 기가와트 에너지의 최대출력이 방출될 수 있도록 전자광학셔터를 사용하여 펄스길이를 나노초로 짧게 만드는 큐스위칭(Q-switching) 테크닉을 소개하였다. 한편 Maiman의 성공은 빠른 속도로 다른 여러 가지 레이저의 개발이 이루어지도록 하는 계기가 되었다. 두 번째 레이저로서 우라늄(Uranium in CaF2)레이저가 Sorokin과 Stevenson에 의해 제작되었으나 실용화되지 못하였고, 같은 해 후반에는 Javan 등이 연속발진 헬륨-네온 기체레이저의 동작에 성공하였으며, 1962년 Hall에 의해 첫 번째 반도체레이저가 제작되었다. 1964년 Patel이 $CO_2$ 레이저를 개발하였고, Geusic 등에 의해 엔디야그레이저가 만들어졌으며, Bridges에 의해 아르곤레이저가 개발되었다.

새로운 레이저들의 개발과 함께 여러 회사들이 상업적으로 레이저 제품을 팔기도 하고 연구개발을 계약하기 위해 빠르게 레이저 마켓으로 몰려들었고, 초기의 레이저 회사들로는 Hughes Aircraft, American Optical, TRG, AT&T 그리고 Raytheon 등이 알려져 있다. 이후 엑시머레이저(Basov 등, 1970), 어븀야그레이저(Zharikov 등 1974), 알렉산드라이트레이저(Walling 등, 1980) 등을 비롯한 다양한 레이저들이 개발되었으며, 현재 의료 분야에서도 활발하게 사용되고 있다.

## 2. 레이저의 의학적 사용

1960년 처음으로 레이저가 발명되자, 이미 햇빛이나 인공 광원으로 질병을 치료하고 있던 의학자들에 의해 레이저를 이용한 의학적 연구가 시작되었다. Maiman의 발명 1년 후, Zaret 등은 펄스 optical maser에 의해 실험적으로 눈의 병변이 유발되었음을 보고하였다. 0.5 msec 단일 펄스로 전달된 높은 에너지밀도의 레이저빔은 토끼의 색소가 있는 망막과 홍채에 즉각적인 열 손상을 유발하기에 충분하였다고 하였으며, 검안경 검사에서 망막 병변은 섬광화상과 유사하다고 하였다. 이러한 연구가 있고 나서 곧 Campbell 등에 의해 망막의 찢김, 박리, 혈관종 및 종양을 레이저로 치료한 임상 경험에 대한 보고가 이어졌다.

한편 피부과학에서 피부질환에 대한 광선치료는 매우 오랜 역사를 가지고 있다. 특히 1801년 Ritter에 의해 자외선이 발견되고 나서는 여러 질환에 대한 자외선을 이용한 광선치료에 관심이 집중되었는데, Finsen이 '핀센램프'에서 나오는 자외선을 이용하여 심상성 루푸스를 치료한 결과가 발표되고, 이로 인해 1903년 노벨상을 수상하면서 절정에 달하게 된다. 1904년 Bernhard는 피부궤양의 치료 방법으로서의 광선치료를 기술하였고, 1925년 Goeckerman은 콜타르와 고압 수은등에서 나오는 자외선 B를 건선 치료에 사용하였고, 이러한 치료법은 오랜 기간 유행하였다.

그러므로 미국레이저의학회(American Society for Laser Medicine and Surgery)가 피부과 의사이자 외과 의사인 Leon Goldman에게 '미국 레이저 의학의 아버지'라는 명예를 부여한 것은 그리 놀랄 일이 아니다. 그는 Maiman의 루비레이저 발명에 대한 소식을 듣고 나서, 의학 분야에 있어서 레이저의 무한한 가능성을 확신하고, 1961년 신시내티 대학에 처음으로 의학레이저연구소를 개설하였다. 1963년 그는 루비레이저를 사용하여 레이저빔의 피부에 대한 효과와 피부 내의 레이저빔 반응의 병리소견에 대해 처음으로 자세히 기술하였으며, 이러한 타입의 레이저는 모낭을 포함한 피부의 색소 조직에 선택적으로 흡수되어 이를 파괴한다고 처음으로 보고하였다.

이후 Goldman은 펄스 루비레이저를 사용한 모반, 흑색종, 문신 치료의 가능성에 대해 발표하면서, 특히 큐스위치 레이저를 이용한 문신 제거에서 가장 현저한 결과를 얻었다고 하였다. 그는 피부암 치료에 레이저가 도움이 될 것으로 기대했으며, 아르곤레이저를 이용하여 혈관기형에 대한 임상적, 병리조직학적 연구를 수행하였고, 연속파 엔디야그레이저의 혈관종에 대한 가능성 있는 효과를 보고하였다. 특히 그는 당시 의학 분야에 있어서 레이저 사용과 관련하여 가능성, 문제점 및 사용 아이디어 등에 대한 포괄적인 견해를 발표하였으며, 진단적 장치로서의 레이저의 이용에 대한 생각도 토로한 바 있다.

사진 1-5. '레이저 의학의 아버지'로 불리는 Leon Goldman (1905-1997)

| 레이저 역사의 랜드마크 | | |
|---|---|---|
| 1900 | Max Planck | 양자론(quantum theory) |
| 1916 | Albert Einstein | 유도방출에 대한 개념 제시 |
| 1928 | Rudolf Ladenbrug | 유도방출에 대한 간접 증거 보고 |
| 1940 | Valentin Fabrikant | 유도방출에 의한 빛의 증폭 실험 제안 |
| 1954 | Townes와 Gordon | 첫 번째 MASER 개발 |
| 1957 | Gordon Gould | 'LASER'라는 합성어 명명 |
| 1958 | Townes와 Schawlow | 'optical maser'에 대해 상세히 기고 |
| 1960 | Theodore Maiman | 루비크리스탈 로드를 자극하여 최초로 레이저빔 발사 |
| 1960 | Sorokin과 Stevenson | 두 번째 레이저이자, 최초의 4준위 시스템 우라늄(Uranium in $CaF_2$)레이저 |
| 1960 | Ali Javan, William Bennett, Donald Herriott | 최초의 연속파레이저, 최초의 기체 레이저 헬륨네온레이저 |
| 1962 | White와 Rigden | 붉은색 헬륨네온레이저 |
| 1962 | Robert Hall | 최초의 semiconductor laser(gallium arsenide) |
| 1964 | William Bridges | pulsed argon-ion laser |
| 1964 | Kumar Patel | 최초의 $CO_2$ 레이저 |
| 1964 | Joseph Geusic | 최초의 Nd:YAG 레이저 |
| 1965 | Kasper와 Pimentel | 최초의 케미컬 레이저(HCl) |
| 1966 | Peter Sorokin | 최초의 dye laser |
| 1970 | Nikolai Basov | 엑시머 레이저 |
| 1976 | J. Jim Hsieh | 상온 및 1.25 μm에서 방출되는 InGaAsP 다이오드 작동 |
| 1980 | John Walling 등 | cobalt-doped alexandrite laser |
| 1981 | Flashlamp-pumped PDL | |
| 1983 | Anderson과 Parrish | selective photothermolysis |
| 1989 | 영구제모 | 큐스위치 루비레이저 |
| 1991 | 문신제거 | 큐스위치 엔디야그레이저 |
| 1991 | High-energy pulsed $CO_2$ laser resurfacing | |
| 1992 | IPL 개발 | |
| 1993 | Nichia Chemical | 청색 LED 개발 |
| 1996 | Er:YAG laser resurfacing | |
| 1997 | Pulsed alexandrite와 pulsed diode | 제모레이저 |
| 1999 | 광선각화증 | ALA와 청색광을 이용한 PDT |
| 1999 | 하지정맥 | 롱펄스엔디야그레이저 처음 사용 |
| 2002 | Rejuvenation | radiofrequency technology |
| 2004 | Manstein 등 | fractional photothermolysis |

표 1-1. 레이저 역사의 랜드마크

레이저의 '수술칼'로서의 역할은 1964년에 발명된 모든 연속파레이저($CO_2$ 레이저, 엔디야그레이저, 아르곤레이저)에 의해 가능해졌다. 주로 외과 영역에서 광범위하게 사용하게 되었으며, 이 3가지 레이저가 모두 작동 방법은 비슷하나 각각의 고유 파장 때문에 임상적 적용이 다르다. 특히 $CO_2$ 레이저는 표적 부위의 색조와는 별 관련이 없으며, 디포커싱과 더 큰 스폿크기를 사용한 지혈 효과는 혈관이 많은 장기(간, 구강점막, 산부인과 등)의 수술 시 도움이 되는 장비가 될 수 있게 하였다. 또한, 광섬유의 발달은 이러한 원적외선 레이저빔의 전달을 가능하게 하여 내시경 수술에 대한 $CO_2$ 레이저의 유연성을 증가시켰다. 아르곤레이저는 헤모글로빈에 잘 흡수되어 얼굴의 포도주색모반 및 모세혈관확장증과 초기 비류의 치료에 사용되었다.

중단 없이 레이저빔을 방출하는 초기의 연속파레이저는 원하는 표적을 파괴하는 데는 효과적이지만, 주위의 건강한 조직도 장시간 레이저 에너지에 노출된다는 문제가 있었다. 이러한 부수적인 손상의 결과는 원치 않는 비대흉터와 색소이상이 높은 비율로 나타난다는 문제를 야기시켰는데, 이러한 비특이적인 손상을 최소화하기 위한 첫 번째 시도는 기계적 셔터를 이용하여 레이저빔의 연속성을 없애는 것이었다. 혈관성 병변의 치료에 있어서 초기의 아르곤레이저보다 산화헤모글로빈에 더 최대로 흡수될 수 있는 가변형 황색광 다이레이저의 개발은 부작용의 위험을 감소시켰다.

한편 레이저가 처음 발명되던 초기에 외과 의사들의 관심은 펄스레이저보다는 연속파에 있었는데, 루비레이저는 절단이나 응고를 위한 광선 칼로 사용하는 경우 효과가 없었고, 높은 에너지 펄스를 사용하였을 때는 증기 기포 때문에 효과를 예측할 수 없었으며, 펄스 엔디야그레이저를 사용하였을 때는 조직편이 온 수술방에 흩어져 더욱 성공적이지 못했다. 1980년대 펄스 루비레이저가 문신 치료와 색소 병변의 치료를 위해 일본에서 시판되었지만, $CO_2$ 레이저로 문신을 제거하던 미국과 유럽에서는 호응을 받지 못했다.

1983년 Anderson과 Parrish는 표적 조직에만 열 손상을 입히고 그 주위 조직에는 열 손상이 생기지 않게 하는 선택광열융해(selective photothermolysis)라는 획기적인 레이저 치료 개념을 발표하였다. 치료하고자 하는 피부 병변의 표적 조직에만 선택적으로 잘 흡수되는 레이저빔을 열이완시간(TRT)보다 더 짧은 기간만 조사하면, 표적 조직에 선택적으로 열 손상이 일어나고 주위의 정상 조직은 영향을 받지 않는다는 것이다. 그러므로 이러한 개념으로 레이저 시술을 하게 되면, 병변만 제거되고 주위의 정상 조직은 열 손상을 입지 않아 흉터가 생길 위험이 없게 된다.

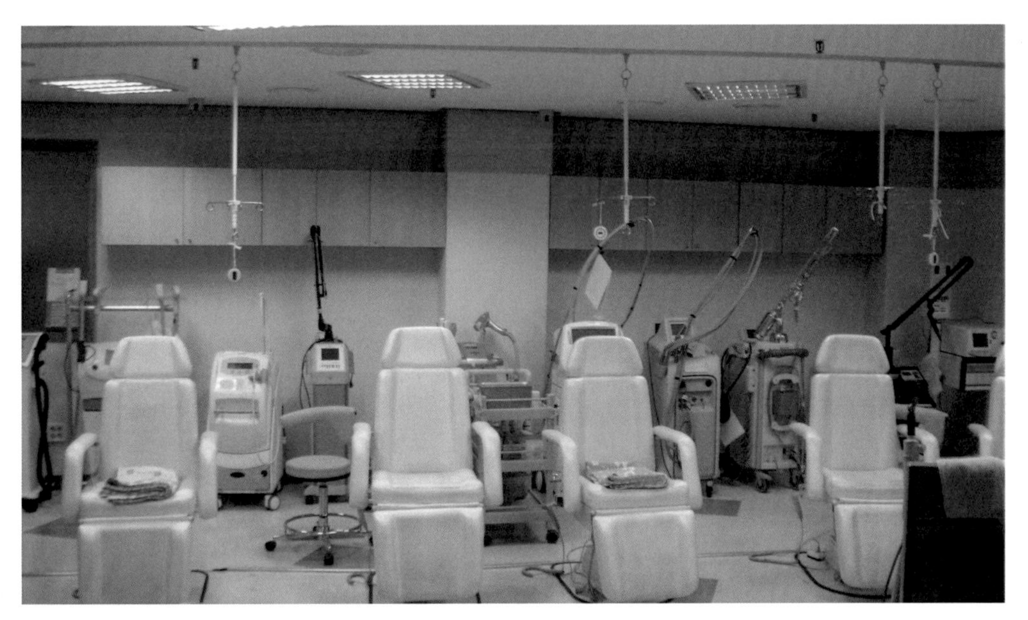

사진 1-6. 다양한 피부 레이저 장비

펄스 레이저의 장점으로 이해될 수 있는 이 새로운 개념은 문신과 제모를 포함한 양성 색소성 피부 병변의 치료에 대한 큐스위치 레이저들(루비, 알렉산드라이트, 엔디야그)의 리바이벌을 가능하게 하였으며, 1963년 Goldman이 사용하였던 것과 거의 같은 루비레이저가 오랜 시간이 지난 후 1989년 색소성 모발의 영구 제모에 대해 FDA의 승인을 받은 첫 번째 장비가 되었으며, 큐스위치 엔디야그레이저는 1991년 문신 치료 방법의 하나로 FDA의 승인을 받게 되었다.

1996년에는 2,940nm의 매우 짧은 파장을 가지는 어븀야그레이저가 조직을 더 얇게 기화시킬 수 있어서 $CO_2$ 레이저와 함께 레이저박피에 사용되었다. 또한, 2004년 Manstein 등은 어븀글라스 레이저로 피부 표면에 '미세열치료구역'이라고 불리는 분할 열 손상을 만들어 피부 재생을 유도하여 이것을 분획광열융해(fractional photothermolysis)라고 기술하였다. 기존의 침습성 레이저와 비침습성 레이저의 단점들을 극복하기 위한 방편으로 개발된 분획광열융해의 개념은 실제로 치료 효과는 높이면서, 다운타임은 최소화하는 새로운 기술로서, 2004년 피부재생술과 2005년 기미치료에 대해 FDA의 승인을 받았다.

이처럼 레이저의 의료분야에 대한 응용은 레이저가 거의 모든 산업 전반에 걸쳐서 발전되어 온 것과 발맞추어 빠르게 확대되었으며, 기술의 발전으로 인체의 닿기 힘든 부분까지 전달이 가능해지면서부터 레이저는 임상용으로 가장 강력하고 편리한 도구의 하나로 자리 잡게 되었다. 이러한 이유로 오늘날 의료용 레이저는 난치성 전문의학 연구는 물론 질병의 진단과 치료 등 임상 분야에서의 사용 범위가 점점 더 광범위해지고 있으며 사용 빈도도 증가하는 추세에 있다.

## 참고문헌

1. 국립국어원. 표준국어대사전. 2020.
2. 김영식. 의료용 레이저. 광학과 기술 2010; 14 (2): 34-9.
3. 연세대학교 의과대학 약리학교실. 이우주 의학사전(영한). 군자출판사 2012: 1231.

*1. Alster TS, Lupton JR. Lasers in dermatology. An overview of types and indications. Am J Clin Dermatol 2001; 2 (5): 291-303.
*2. American Society for Laser Medicine and Surgery. History og ASLMS. http://www.aslms.org/aslms/history.shtml (accessed 20 Jan 2015)
*3. Anderson RR. Dermatologic history of the ruby laser: the long history of lasers in dermatology. Arch Dermatol 2003; 139: 70-4.
*4. Anderson RR, Parrish JA. Selective photothermolysis: precise microsurgery by selective absorption of pulsed radiation. Science 1983; 220: 524-7.
*5. Bailin PL, Ratz JL, Levine HL. Removal of tattoos by $CO_2$ laser. J Dermatol Surg Oncol 1980; 6: 997-1001.
*6. Basov NG, Danilychev VA, Popov Y, Khodkevich DD. Zh Eksp Fiz i Tekh Pis'ma Red 1970; 12: 473.
*7. Basov NG, Prokhorov AM. Application of molecular beams to

radiospectroscopic investigations of rotational molecular spectra. Zh Eksp Teor Fiz 1954; 27: 431-8.
*8. Basov NG, Prokhorov AM. About possible methods for obtaining active molecules for a molecular oscillator. Zh Eksp Teor Fiz 1955; 28 (2): 249-50.
*9. Basov NG, Prokhorov AM. Theory of the molecular generator and molecular power amplifier. Zh Eksp Teor Fiz 1956; 30 (3): 560-4.
*10. Bernhard O. über offene Wundbehandlung durch Insolation und Eintrocknung. Munch Med Wochenschr 1904: 1.
*11. Bertolotti M. Masers and lasers: an historical approach. A. Hilger 1983: 73-100.
*12. Bertolotti M. The history of the laser. CRC Press 2004: 242-80.
*13. Birnbaum G. Optical Masers. Academic Press 1964: 1-5.
*14. Boyd GD, Gordon JP. Confocal multimode resonator for millimeter through optical wavelength masers. Bell Syst Tech J 1961; 40: 489-508.
*15. Bridges WB. Laser oscillation in singly ionized argon in the visible spectrum. Appl Phys Lett 1964; 4: 128-30.
*16. Campbell CJ, Noyori KS, Rittler MC, Koester C. Retinal coagulation: clinical studies. Ann N Y Acad Sci 1965; 122: 780-2.
*17. Cheo PK. $CO_2$ Lasers. In: Levine AK, De Maria AJ, eds. Lasers. Vol 3. Marcel Dekker 1971: 111-267.
*18. Choy DS. History of lasers in medicine. Thorac Cardiovasc Surg 1988 ; 36 Suppl 2: 114-7.
*19. David LM. Laser vermilion ablation for actinic cheilitis. J Dermatol Surg Oncol 1985; 11 (6) 605-8.
*20. Einstein A. Strahlungs-emission und -absorption nach der Quantentheorie. Verhandlungen der Deutschen Physikalischen Gesellschaft 1916; 18: 318-23.
*21. Einstein A. Zur Quantentheorie der Strahlung. Physikalische Gesellschaft Zürich 1916; 18: 47-62.
*22. Einstein A. Zur Quantentheorie der Strahlung. Physikalische

Zeitschrift 1917; 18: 121-8.
*23. Fabrikant VA. Emission mechanism of a gas discharge. Trudi Vsyesoyuznogo Elektrotekhnicheskogo Instituta. Elektronnie i Ionnie Pribori 1940; 41: 236-96.
*24. Fitzpatrick RD, Goldman MP, Ruiz-Esparza J. Use of the alexandrite laser(755nm, 100nsec) for tattoo pigment removal in an animal model. J Am Acad Dermatol 1993; 28: 745-50.
*25. Geiges ML. Histology of Lasers in Dermatology. In: Bogdan Allemann I, Goldberg DJ. Eds. Basics in Dermatological Laser Applications. Karger 2011: 1-5.
*26. Geusic JE. Marcos HM. Van Uitert LG. Laser oscillations in nd-doped yttrium aluminum, yttrium gallium and gadolinium garnets. Appl Phys Lett 1964; 4 (10): 182.
*27. Goldman L, Blaney DJ, Kindel DJ Jr, Franke EK. Effect of the laser beam on the skin. J Invest Dermatol 1963; 40: 121-2.
*28. Goldman L, Blaney DJ, Kindel DJ Jr, Richfield D, Franke EK. Pathology of the laser beam reaction in the skin. Nature 1963; 197: 912-4.
*29. Goldman L, Blaney DJ, PhD, Kindel DJ Jr, Richfield DF, Owens P, Homan EL. Effect of the Laser Beam on the Skin: III. Exposure of Cytological Preparations. J Invest Dermatol 1964; 42: 247-51.
*30. Goldman L. Biomedical Aspects of the Laser: The Introduction of Laser Applications Into Biology and Medicine. Springer-Verlag Berlin Heidelberg 1967: 1-232.
*31. Goldman L. The History and Development of the Medical Laser. In: Abela GS, Ed. Lasers in Cardiovascular Medicine and Surgery: Fundamentals and Techniques. Springer US 1990; 103: 3-7.
*32. Goeckerman WH. Treatment of psoriasis. Northwest Med 1925; 24: 229-31.
*33. Gordon JP, Zeiger HJ, Townes CH. Molecular Microwave Oscillator and New Hyperfine Structure in the Microwave Spectrum of NH3. Phys

Rev 1954; 95: 282-4.
*34. Gordon J, Zeiger H, Townes C. "The Maser-New Type of Microwave Amplifier, Frequency Standard, and Spectrometer". Phys Rev 1955; 99: 1264-74.
*35. Gould G. The LASER, Light Amplification by Stimulated Emission of Radiation. In: Franken PA, Sands RH, Eds. The Ann Arbor Conference on Optical Pumping. The University of Michigan 1959: 128.
*36. Hall RN, Fenner GE, Kingsley JD, Soltys TJ, Carlson RO. Coherent Light Emission From GaAs Junctions. Phys Rev Lett 1962; 9 (9): 366-8.
*37. Hecht E. Optics. 4th Edition. Pearson Education 2002: 653-4.
*38. Hecht J. Short history of laser development. Optical Engineering 2010; 49 (9): 091002.
*39. Hellwarth RW. Theory of the pulsation of fluorescent light from ruby. Phys Rev Lett 1961; 6: 9-11.
*40. Hellwarth RW, McClung FJ. Giant pulsations from ruby. Appl Phys 1962; 33: 838-41.
*41. Hellwarth RW, McClung FJ. Giant pulsations from ruby. Bull Am Phys Soc 1962; 6: 414.
*42. Horrigan F, Klein C, Rudko R, Wilson D. Windows for High Power Lasers. Microwave 1969; 8: 68-75.
*43. Houk LD, Humphreys T. Masers to magic bullets: an updated history of lasers in dermatology. Clin Dermatol 2007; 25: 434-42.
*44. Hsieh JJ. Room-temperature operation of GaInAsP/InP double-heterostructure diode lasers emitting at 1.1 μm. Appl Phys Lett 1976; 28: 283.
*45. Holonyak N, Jr. Double injection diodes and related DI phenomena in semiconductors. Proc. IRE 1962; 50: 2421-8.
*46. Ingram JT. The approach to psoriasis. Br Med J 1953; 2: 591-4.
*47. Javan A. Possibility of producing of negative temperature in gas discharge. Phys Rev Lett 1959; 3: 87-9.
*48. Javan A, Bennett Jr WR, Herriott DR. Population Inversion and

Continuous Optical Maser Oscillation in a Gas Discharge Containing a He-Ne Mixture. Phys Rev Lett 1961; 6: 106.
*49. Kasper JVV, Pimentel GC. HCl chemical laser. Phys Rev Lett 1965; 14: 352.
*50. Kilmer SL, Anderson RR. Clnical use of the Q-switched ruby and the Q-switched Nd:YAG (1,064nm and 532nm) lasers for treatment of tattoos. J Dermatol Surg Oncol 1993; 19: 330-8.
*51. Kopfermann H, Ladenburg R. Untersuchungen über die anomale Dispersion angeregter Gase. Zeitschrift für Physik 1928; 48: 26-50.
*52. Kopfermann H, Ladenburg R. Experimental proof of 'negative dispersion' [1] Nature 1928; 122: 438-9.
*53. Kopfermann H, Ladenburg R. Untersuchungen über die anomale Dispersion angeregter Gase - II Teil. Anomale Dispersion in angeregtem Neon Einfluß von Strom und Druck, Bildung und Vernichtung angeregter Atome Zeitschrift FüR Physik 1928; 48: 26-50.
*54. Kopfermann H, Ladenburg R. Untersuchungen über die anomale Dispersion angeregter Gase - III. Teil. Übergangswahrscheinlichkeit und Dichte angeregter Atome im Neon; statistisches Gleichgewicht in der positiven Säule Zeitschrift FüR Physik 1928; 48: 51-61.
*55. Ladenburg R. Über die paramagnetische Drehung der Polarisationsebene Zeitschrift FüR Physik 1928; 46: 168-76.
*56. Ladenburg R. Untersuchungen über die anomale Dispersion angeregter Gase - I. Teil. Zur Prüfung der quantentheoretischen Dispersionsformel Zeitschrift FüR Physik 1928; 48: 15-25.
*57. Lamb Jr WE, Retherford RC. Fine structure of the hydrogen atom, part I. Phys. Rev 1950; 79, 549-72.
*58. Makov G, Kikuchi C, Lambe J, Terhune RW. Maser action in ruby. Phys Rev 1958; 109: 1399-400.
*59. Maiman T. Stimulated Optical Radiation in Ruby. Nature 1960; 187: 493-4.
*60. Maiman TH. The Laser Odyssey. Laser Pr 2000: 1-216.

*61. Manstein D, Herron GS, Sink RK, Tanner H, Anderson RR. Fractional photothermolysis: A new concept for cutaneous remodeling using microscopic patterns of thermal injury. Lasers Surg Med 2004; 34: 426-38.
*62. Mester E, Spiry T, Szende B, Tota JG. Effect of laser rays on wound healing. Am J Surg 1971; 122 (4): 532-5.
*63. Møller KI, Kongshoj B, Philipsen PA, Thomsen VO, Wulf HC. How Finsen's light cured lupus vulgaris. Photodermatol Photoimmunol Photomed 2005; 21 (3): 118-24.
*64. Parrish JA, Anderson RR, Harrist T, Paul B, Murphy GF. Selective thermal effects with pulsed irradiation from lasers: from organ to organelle. J Invest Dermatol 1983; 80(suppl): 75s-80s.
*65. Patel CKN. Continuous-Wave Laser Action on Vibrational-Rotational Transitions of $CO_2$. Phys Rev 1964; 136 (5A): A1187-93.
*66. Planck M. Über eine Verbesserung der Wienschen Spektralgleichung[On an Improvement of Wien's Equation for the Spectrum]. Verhandlungen der Deutschen Physikalischen Gesellschaft 1900; 2: 202-4.
*67. Planck M. Zur Theorie des Gesetzes der Energieverteilung im Normalspektrum. Verhandlungen der Deutschen Physikalischen Gesellschaft 1900; 2: 237.
*68. Planck M. Entropie und Temperatur strahlender Wärme. Annalen der Physik 1900; 306 (4): 719-37.
*69. Planck M. Über irreversible Strahlungsvorgänge. Annalen der Physik 1900; 306 (1): 69-122.
*70. Pressley RJ. Handbook of Lasers(with selected data on optical technology). The Chemical Rubber Company 1971: 242-349.
*71. Purcell EM, Pound RV, A nuclear spin system at negative temperature. Phys Rev 1951; 81: 279-80.
*72. Raulin C, Karsai S. Laser and IPL Technology in Dermatology and Aesthetic Medicine. Springer-Verlag Berlin Heidelberg 2011: 5-18.
*73. Ritter JW. Bemerkungen zu Herschel's neueren Untersuchungen über

das Licht. In: Physisch-Chemische Abhandlungen, in chronologischen Folge. II Band. Leipzig: Reclam 1806: 81-107.
*74. Schawlow AL, Townes CH. Infrared and Optical Masers. Phys Rev 1958; 112 (6): 1940.
*75. Sherwood KA, Murray S, Kurban AK, Tan OT. Effect of wavelength on cutaneous pigment using pulsed irradiation. J Invest Dermatol 1989; 92: 717-20.
*76. Sorokin PP, Lankard JR, Moruzzi VL, Hammond EC. Flashlamp-Pumped Organic-Dye Lasers. J Chem Phys 1968; 48: 4726.
*77. Sorokin PP, Stevenson MJ. Stimulated infrared emission from trivalent uranium. Phys Rev Lett 1960; 5: 557-9.
*78. Tanzi EL, Lupton JR, Alster TS. Lasers in dermatology: four decades of progress. J Am Acad Dermatol 2003; 49 (1): 1-31.
*79. Taylor CR, Gange RW, Dover JS, Flotte TJ, Gonzalez E, Michaud N, Anderson RR. Treatment of tattoos by Q-switched ruby laser: a dose-response study. Arch Dermatol 1990; 126: 893-9.
*80. Townes CH. Early history of quantun electronics. J Modern Optics 2005; 52: 1637-45.
*81. Townes CH. The first laser. In: Garwin L, Lincoln T, eds. A Century of Nature: Twenty-One Discoveries that Changed Science and the World. University of Chicago Press 2003: 107-12.
*82. Walling JC, Peterson OG, Jenssen HP, Morris RC, O'Dell EW, Tunable alexandrite lasers. IEEE J Quantum Electron 1980; 16 (12): 1302-15.
*83. Watson E. Founder looks back as Coherent marks 40 years in business. Laser Focus World 2006; 42 (8): 11-2.
*84. Wheeland RG, McBurney E, Geronemus RG. The role of dermatologists in the evolution of laser surgery. Dermatol Surg 2000; 26 (9): 815-22.
*85. White AD, Rigden JD. Continuous gas maser operation in the visible. Proc IRE 1962; 50 (7): 1697.
*86. Zaret MM, Breinin GM, Schmidt H, Ripps H, Siegel IM, Jolon LR.

Ocular lesions produced by an optical maser(laser). Science 1961; 134: 1525.
*87. Zharikov EV, Zhecov VI, Kulevskii LA, Murina TM, Osiko VV, Prokhorov AM, Savel'ev AD, Smirnov VV, Starikov BP, Timoshechkin MI. Stimulated emission from Er3+ ions in yttrium aluminum garnet crystals at $\lambda$= 2.94 $\mu$. Sov J Quantum Electron 1975: 4: 1039-40.

# 제2장. 레이저의 정의

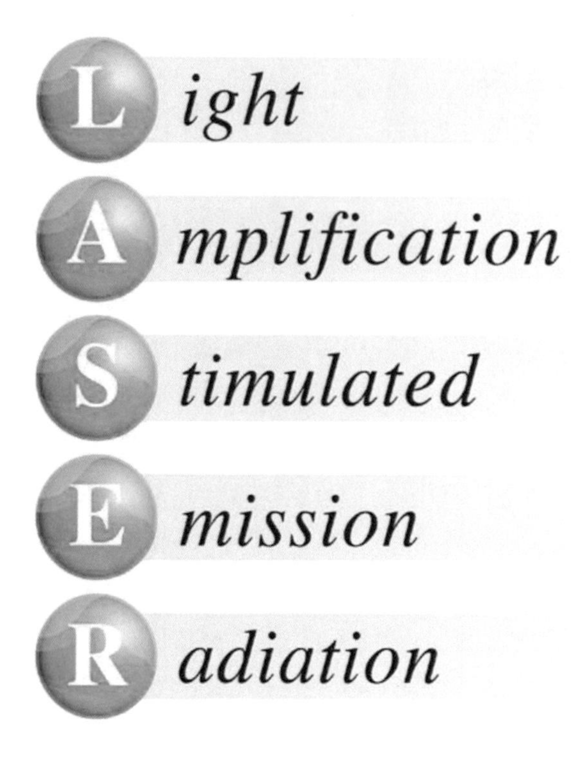


그림 2-1. LASER (Light Amplification by Stimulated Emission of Radiation)

국립국어원 표준국어대사전에는 레이저를 '분자 안에 있는 전자 또는 분자 자체의 들뜬상태 입자들을 모이게 한 후 동시에 낮은 상태로 전이시킴으로써 보강 간섭을 이용하여 빛을 증폭하는 장치'라고 기술하고 있다. 어원에 더 충실하자면, 레이저는 복사(방사)의 유도방출에 의한 빛의 증폭 과정을 통해 빛을 방출하는 장치를 말한다. 1957년 Gordon Gould가 처음으로 명명한 'LASER'라는 용어는 'Light Amplification by Stimulated Emission of Radiation'의 머리글자를 따서 조합한 합성어로, 직역하자면 '복사의 유도방출에 의한 빛의 증폭'이라는 뜻이다.

여기서 복사(radiation)는 물체가 방출하는 전자기파와 입자선을 총칭하는 것으로, 그 방출 현상을 의미하기도 한다. 원자 내의 전자가 원래 에너지 준위에서 벗어나 다른 에너지 준위로 전이할 경우에 전자기파의 방출이나 흡수가 일어나며, 이때 복사과정이 일어난다.

유도방출(stimulated emission)은 흥분상태에 있는 원자나 분자에 그 원자나 분자가 흥분상태가 되도록 자극했던 똑같은 파장 및 주파수를 가진 빛 에너지를 주게 되면 흥분상태의 전자는 재빨리 자신이 가지고 있던 광자를 방출하고 기저상태로 돌아갈 뿐만 아니라 기저상태로 돌아가도록 자극했던 광자도 아울러 방출하게 되며, 이렇게 방출된 광자는 가만히 있지 않고 또 흥분상태에 있는 다른 원자나 분자로 하여금 광자를 내어놓고 기저상태로 돌아가도록 자극하여 연쇄적으로 수많은 광자가 방출되는 것을 말한다.

Einstein이 1916년 유도방출에 대한 개념을 밝힌 후, 거의 40년이 지난 1954년에 비로소 Townes 등이 레이저의 전 단계인 메이저(MASER, microwave amplification by stimulated emission of radiation)를 개발하였고, 1958년 Schawlow와 Townes가 빛의 증폭을 위한 소위 'Optical Maser'에 대해 자세히 기고하면서 'coherent light source'를 만들고자 하는 많은 과학자의 꿈의 레이스에 불을 당겼다. 이 꿈의 장치에 Schawlow는 'The LOSER, light oscillation by stimulated emission of radiation'이라는 어감이 별로인 이름을 쓸 것을 제안하였으나, 1959년 그가 좌장을 맡던 optical pumping conference에서 Gould가 'The LASER, Light Amplification by Stimulated Emission of Radiation'이라고 발표하면서 곧 'Optical Maser'는 현재까지 사용되고 있는 'LASER'로 바뀌어 불리게 되었다.

## 참고문헌

1 국립국어원 표준국어대사전. 2020.
2. 두산백과. 복사. 2020.
3. 다니코시 긴지. 레이저의 기초와 응용. 일진사 2014: 11.
4, 송순달. 레이저의 의료응용. 다성출판사 2001: 1-30.
5. 연세대학교 의과대학 약리학교실. 이우주 의학사전(연한). 군자출판사 2012: 690.

6. 장인수, 신금백(역). 레이저치료학. 도서출판 정담 2006: 8-9.
7. 지제근. 알기쉬운 의학용어풀이집. 제3판. 고려의학 2004: 148.
8. 최지호. 피부과 영역에서의 레이저. 대한피부과학회지 1994; 32 (2): 205-16.
9. 허수진. 의학에서의 레이저의 응용. 울산의대학술지 1995; 4 (2): 1-7.

*1. Chu S, Townes CH. Arthur Schawlow. In: Lazear EP, ed. Biographical Memoirs. National Academies Press 2003; 83: 196-215.
*2. Einstein A. Strahlungs-emission und -absorption nach der Quantentheorie. Verhandlungen der Deutschen Physikalischen Gesellschaft 1916; 18: 318-23.
*3. Einstein A. Zur Quantentheorie der Strahlung. Physikalische Gesellschaft Zürich 1916; 18: 47-62.
*4. Einstein A. Zur Quantentheorie der Strahlung. Physikalische Zeitschrift 1917; 18: 121-8.
*5. Gould G. The LASER, Light Amplification by Stimulated Emission of Radiation. In: Franken PA, Sands RH, Eds. The Ann Arbor Conference on Optical Pumping. The University of Michigan 1959: 128.
*6. Nelson DF. A tribute to Arthur Schawlow. In: Yen WM, Levenson MD, eds. Lasers, Spectroscopy and New Ideas. New York: Springer-Verlag 1987: 121-22.
*7. Schawlow AL, Townes CH. Infrared and Optical Masers. Phys Rev 1958; 112 (6): 1940.
*8. Townes CH. The first laser. In: Garwin L, Lincoln T, eds. A Century of Nature: Twenty-One Discoveries that Changed Science and the World. University of Chicago Press 2003: 107-12.

# 제3장. 레이저의 원리

## 1. 빛의 본질

사진 3-1-1. 빛의 본질은 무엇일까?

기원전 그리스의 철학자 Pythagoras, Democritus, Empedocles, Plato, Aristotle 등은 빛의 본질에 관한 여러 이론을 생각해 냈다. 특히 물질의 원자설 주장으로 유명한 그리스의 철학자 Democritus는 빛은 여러 가지 색을 가진 작은 입자들이라고 생각하였다. 1678년 Huygens는 빛을 물결치는 매질로 생각하여 파동설을 주장하였지만, 1704년 Newton이 입자설을 지지함으로써 오랫동안 빛은 입자라고 인정되었었다.

그러나 1801년 Young이 빛의 간섭 현상을 이중 슬릿 실험으로 발견, 다시 빛의 파동설이 과학적 근거를 갖게 되면서 빛의 입자설과 파동설이 대등하게 양립하게 되었다. 빛의 파동설이 점차 지지를 받게 되자, 이 분야의 과학자들은 우주 공간에 빛의 파동을 전달하는 매질로 에테르(Ether)를 가정하였으나, Michelson-Morley 실험의 결과 빛의 진행은 이와 무관한 것으로 알려지게 되었다.

1864년 Maxwell은 역학에 포함되지 않는 새로운 전자기 이론을 완성, 빛도 본질적으로 매우 파장이 짧은 전자기파로 생각하였다. 그러나 20세기가 되기 전에 파동으로 설명 안 되는 새로운 실험결과들이 발표되어 빛의 본성에 대한 이해는 또 벽에 부딪히게 되었다. 즉, 물체가 가열될 때 내는 빛의 색 분포(흑체복사)와 빛을 받은 금속이 방출하는 전자의 에너지 분포(광전효과)에 대한 실험은 빛에 대한 전혀 새로운 성질이었다.

1900년 Planck는 물체가 내거나 받아들이는 빛의 에너지는 진동수에 비례하는 에너지 값의 배수라고 하는 제안을 하여 흑체복사에 대해 해석을 하였고, 1905년 Einstein은 과감하게 빛을 입자로 보는 광양자 가설을 제기하고 바로 운동량과 에너지가 파장과 진동수에 의존한다는 제안을 하여 광전효과를 설명할 수 있었다. 하지만 Einstein의 광양자 가설이 나올 당시 그의 주장은 과학자 공동체 내에서 볼 때는 매우 과격한 것이었기 때문에 아인슈타인의 주장이 그대로 받아들여 지기 힘들었다. 무엇보다도 아인슈타인의 광양자 가설은 빛의 회절과 간섭 현상을 설명하는 데 문제가 있었다. 그러므로 1911년 Einstein은 광양자 가설을 부분적으로 유보하고 빛에 대한 파동론적인 해석을 부분적으로 수용했다. 1911년부터 1916년까지 그는 골칫덩어리였던 양자론보다는 중력에 대한 문제에 온 힘을 기울이게 되었고, 이에 따라 광양자 가설에 대한 그의 논의는 잠시 수면 아래로 잠기게 된다.

1916년 새로운 중력 이론인 '일반 상대성 이론'의 대업을 완성한 Einstein은 자신이 상대성 이론에 몰두하느라고 등한시했던 양자론에 관한 논의를 재개하였다. Einstein은 1911년에 자신이 가졌던 광양자의 존재에 대한 회의를 딛고 일어서서 다시금 광양자 가설을 과거보다 더욱 강력하게 주장하기 시작했다. 1916년 Einstein은 요즈음 레이저의 원리를 설명할 때 항상 등장하는 자연방출과 유도방출에 관한 논의를 전개하면서, 결론 부분에서 광양자 존재의 필요성을 다시금 거론했다.

하지만 그 후 오늘날까지 빛의 본성에 대해서는 순수한 입자도 아니고 순수한 파동도 아닌 두 가지 성질을 함께 갖는 존재로 이해되어 오고 있다. 여기서 한 가지 주목해야 할 것은 빛뿐만 아니라, 이후에 발견되는 모든 다른 소립자들도 파동과 입자의 이중성을 함께 지닌 존재임이 밝혀지고 있다. 그러나 과연 빛이란 무엇이며, 궁극적으로 무엇으로 어떻게 구성되어 있는지 아직도 물리학에서는 명확히 규명되지 아니한 미스테리인 것이다.

## 참고문헌

1. 임경순. 현대 물리학의 선구자. 다산출판사 2001: 73-122.
2. 석현정, 최철희, 박용근. 빛의 공학 - 색채 공학으로 밝히는 빛의 비밀. ㈜사이언스북스 2013: 12-6.

*1. Einstein A. Über einen die Erzeugung und Verwandlung des Lichtes betreffenden heuristischen Gesichtspunkt (On a Heuristic Viewpoint Concerning the Production and Transformation of Light). Annalen der Physik 1905; 17 (6): 132-48.
*2. Einstein A. On the Motion - Required by the Molecular Kinetic Theory of Heat - of Small Particles Suspended in a Stationary Liquid. Annalen der Physik 1905; 17 (8): 549-60.
*3. Einstein A. On the Electrodynamics of Moving Bodies. Annalen der Physik 1905; 17 (10): 891-921.
*4. Einstein A. Does the Inertia of a Body Depend Upon Its Energy Content? Annalen der Physik 1905; 18 (13): 639-41.
*5. Einstein A. Strahlungs-emission und -absorption nach der Quantentheorie. Verhandlungen der Deutschen Physikalischen Gesellschaft 1916; 18: 318-23.
*6. Einstein A. Zur Quantentheorie der Strahlung. Physikalische Gesellschaft Zürich 1916; 18: 47-62.
*7. Einstein A. Zur Quantentheorie der Strahlung. Physikalische Zeitschrift

1917; 18: 121-8.
*8. Hecht E. Optics. 4th Edition. Pearson Education 2002: 1-11.
*9. Huygens C.Traitė de la Lumiere. LeIden, Pierre van der Aa 1690: 1-180. (Although composed in 1678, this treatise was not published until 1690.
*10. Loudon R. The quantum theory of light. 3rd edition. Oxford University Press 2000; 177-8.
*11. Maxwell JC. A dynamical theory of the electromagnetic field. Philosophical Transactions of the Royal Society of London 1865; 155: 459-512. (This article accompanied an 8 December 1864 presentation by Maxwell to the Royal Society.)
*12. Michelson AA, Morley EW. On the Relative Motion of the Earth and the Luminiferous Ether. American Journal of Science 1887; 34: 333-45.
*13. Newton I. Opticks. 1st edition. London: Sam. Smith and Benj. Walford. 1704: 124.
*14. Planck M. Über eine Verbesserung der Wienschen Spektralgleichung[On an Improvement of Wien's Equation for the Spectrum]. Verhandlungen der Deutschen Physikalischen Gesellschaft 1900; 2: 202-4.
*15. Planck M. Zur Theorie des Gesetzes der Energieverteilung im Normalspektrum[On the Theory of the Energy Distribution Law of the Normal Spectrum]. Verhandlungen der Deutschen Physikalischen Gesellschaft 1900; 2: 237.
*16. Planck M. Entropie und Temperatur strahlender Wärme[Entropy and Temperature of Radiant Heat]. Annalen der Physik 1900; 306 (4): 719-37.
*17. Planck M. Über irreversible Strahlungsvorgänge[On Irreversible Radiation Processes]. Annalen der Physik 1900; 306 (1): 69-122.
*18. Sabra AI. Theories of Light, from Descartes to Newton. Cambridge University Press 1981: 198-250.
*19. Wen XG. Origin of gauge bosons from strong quantum correlations. Phys Rev Lett 2001; 88: 011602.

*20. Young T. Outlines of experiments and enquiries respecting sound and light. Philosophical Transactions of the Royal Society of London 1800; 90 (Part I): 106-50.
*21. Young T. On the mechanism of the eye. Philosophical Transactions of the Royal Society of London 1801; 91 (Part I): 23-88.
*22. Young T. An account of some cases of the production of colours, not hitherto described. Philosophical Transactions of the Royal Society of London 1802; 92 (PartII): 387-97.
*23. Young T. On the theory of lights and colours. Philosophical Transactions of the Royal Society of London 1802; 92 (Part I): 12-48.
*24. Young T. The Bakerian lecture Experiments and calculations relative to physical optics(1. Experimental Demonstration of the General Law of the Interference of Light). Philosophical Transactions of the Royal Society of London 1804; 94 (PartI): 1-16.

## 2. 빛의 이중성

빛의 이중성(duality of light)에 대해 표준국어대사전은 '빛이 경우에 따라 파동 또는 입자로 보이는 성질. 파동성과 입자성의 이중성을 띠지만 두 성질이 동시에 관측되지는 않는다.'라고 기술하고 있다. 고전적으로 물리적 대상은 입자 또는 파동으로 구별되며, 입자와 파동은 서로 배타적인 두 개념을 나타낸다. 입자가 매우 작은 에너지 응집체라면, 파동은 반대로 물리적 실체가 존재하는 공간에 넓게 퍼져 나타나는 에너지에 해당한다.

이 두 개념을 정보 교환의 수단인 편지와 전화를 비유해 설명한 문헌에 의하면, 편지는 정보를 직접 한 시점에서 또 다른 시점으로 전달하는 방법으로 상대방이 받는 정보는 바로 내가 쓴 그것이다. 반면에 전화는 내가 만든 소리 그 자체가 상대방에게 전달되는 것이 아니고 단지 내 소리가 상대방의 수화기에서 재생될 뿐으로, 편지가 입자의 관점을 나타낸다면, 전화는 파동의 관점을 나타낸다고 하였다.

Zajonc은 2003년 10월 미국광학회의 Optics & Photonics News에 실린 'Light Reconsidered'라는 제목의 글 서두에 다음과 같이 서술하였다.

*빛은 일상생활에서 분명하게 보이지만, 빛의 본질은 수백 년 동안 아직도 쉽게 알아내지 못하고 있다. Einstein도 거의 말년에 "50년 동안 신중하게 곰곰이 생각해 봤지만, 광자란 무엇인가? 라는 질문의 답을 구하지 못했다"라고 말한 것으로 알려진다. 그리고 오늘날에도 우리는 Einstein처럼 빛에 대해서는 여전히 '학문적 무지' 상태인 것이다.*

빛의 물리적 성질을 파악하기 위한 노력의 역사는 과학사에서 가장 흥미로운 이야기 중 하나이다. 현대과학의 태동기 이래로 서로 모순된 모델로서 빛은 입자 또는 파동 중 하나로 그려졌고, 혼란과 좌절의 역사를 겪었다. 비록 입자를 정확히 정의하기는 어렵지만, 입자는 직관적으로 형상화될 수 있고, 파동도 매질을 통해 형상화될 수 있다. 하지만 파동의 형상화는 빛에 이르러 그 의미를 상실하는데, 빛은 매질을 필요로 하지 않기 때문이다. 그런데도 사람들이 빛을 전달하는 매질을 찾고자 노력하였고, 이러한 시도는 물리학의 발전에 걸림돌이 되었었다. 그럼에도 불구하고, 빛은 우리에게 나타나는 물리적인 실체이고, 지금 이 시각에도 먼 우주계로부터 오는 신호가 검출되기도 한다.

빛에 대한 두 관점인 입자와 파동은 물리학의 발전과 그 역사를 같이 하며, 이 두 가지 모델 각각은 과학 분야에서 모두 황금시대를 구가하기도 하였다. 20세기가 되자 어느 정도 빛은 파동과 입자 모두라는 것이 명백해졌지만, 여전히 빛은 정확히 둘 중 어느 것도 아니라는 것이다. 오랜 시간 빛에 대해 이러한 두 개념이 얽힌 상태를 파동-입자의 이중성(wave-particle duality)이라고 하였으나, 빛의 본질에 대한 이러한 모순적인 모델은 우리 시대의 위대한 과학적 사고의 동기가 되기도 하였다. 공식적인 개념에서 이는 물리학에서 가장 성공적인 이론체계로 평가되는 양자전기역학(quantum electrodynamics)이라는 새로운 분야를 만들어 낸 것이다.

양자전기역학이란 전기를 띤 입자와 전자기장으로 이루어지는 계(系)를 상대론적인 양자장론으로 나누는 이론으로, 전자를 비롯한 하전 입자와 전자기장으로 된 미시적인 계를 지배하는 역학 체계이다. 이는 빛과 물질의 상호작용에 대한 양자역학적인 이론체계로서, 1965년 양자전기역학의 기초를 수립한 공로로 Tomonaga, Schwinger 그리고 Feynman 세 사람에게 노벨 물리학상이 수여되었다. 이로써 오랜 기간 논쟁의 대상이었던 빛의 파동-입자의 이중성에 대하여 종지부를 찍는 것 같았지만, 빛이 행동하는 규칙은 제공하였으나 빛의 실체에 대해서는 언급하지 못했다는 문제를 남겼다.

많은 과학자들은 아직도 빛의 성질을 쉽게 이해하는 것은 상당히 어렵다는 것에 동의하고 있다. 빛을 형상화하는 데는 방대한 상상력이 필요하며, 더구나 이미 구축되어 있는 물리적 틀 내에서 기존의 현상과 의미를 포함하면서 새로운 형상을 추구하는 것은 훨씬 힘든 일이다. 아마도 파동과 입자의 두 상반된 개념을 가지고 빛을 형상화하는 것은 무리일지 모른다.

*THE STRANGE STORY OF*

*THE* QUANTUM

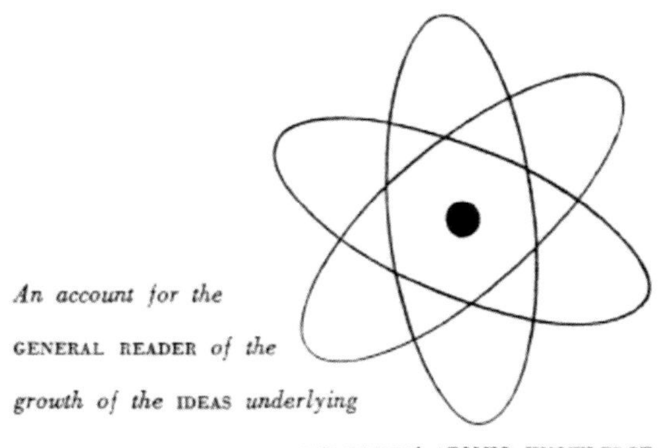


*by* BANESH HOFFMANN

DEPARTMENT OF MATHEMATICS, QUEENS COLLEGE, NEW YORK

**Second Edition**

**DOVER PUBLICATIONS, INC. NEW YORK**

사진 3-2-1. Hoffmann의 〈The strange story of the quantum〉 표지

*They could but make the best of it, and went around with woebegone faces sadly complaining that on Mondays, Wednesdays, and Fridays they must look on light as a wave; on Tuesdays, Thursdays, and Saturdays, as a particle. On Sundays they simply prayed.*

***"그들은 월요일, 수요일, 금요일에는 빛을 파동으로 보아야 하고 화요일, 목요일, 토요일에는 빛을 입자로 보아야 하며 일요일에는 단순히 기도만 하는 것으로 투덜거리면서 이 문제를 잘 해결하였지만, 여전히 비통한 얼굴을 하면서 되돌아갔다." -베네쉬 호프만-***

1947년 Hoffmann이 저술한 양자 세계에 대한 대중적인 입문서였던 〈The strange story of the quantum〉에 소개된 양자(quantum)라는 단어는 빛의 성질과 관련된 여러 가지 이론들을 이제 막 접하기 시작한 수많은 독자에게서 각광을 받아왔다. 구별이 불가능한 파동-입자라는 쌍둥이에 대한 놀랍고 유익한 이야기를 하면서 그는 빛의 실제 성질에 대해 그 시대에 느꼈던 좌절의 정도를 이렇게 멋지게 기술하였던 것이다. 그 후 거의 70년이 넘은 요즈음에도 이 '구별이 불가능한 쌍둥이'에 대한 퍼즐 문제는 여전히 지속되고 있다.

빛이란 무엇인가?

빛의 국어사전적 의미는 '시각 신경을 자극하여 물체를 볼 수 있게 하는 일종의 전자기파'이지만, 이 표현만으로는 충분하지 않다. 분명히 빛은 전자기파라고 하는 파동이지만, 이에는 입자의 성질도 포함되어 있다. 즉, 빛은 파동으로서의 성질과 입자로서의 성질 모두를 가지고 있다. 따라서 빛을 단적으로 표현하면 '빛이란 **파동적 입자**이다'라고 할 수 있다.

## 참고문헌

1. 국립국어원. 표준국어대사전. 2020.

2. 김기식. 빛의 이중성. 한국광학회지 1993; 4 (1): 120-31.
3. 다니코시 긴지. 레이저의 기초와 응용. 일진사 2014: 18-9.

*1. Feynman RP. QED: The Strange Theory of Light and Matter. Princeton University Press 1985.
*2. Feynman RP. Quantum Electrodynamics. Taylor & Francis Inc 1998.
*3. Hoffmann B. The strange story of the quantum. Dover Publications 1947: 42.
*4. Pedrotti FL, Pedrotti LS, Pedrotti LM. Introduction to optics. 3rd Edition. Addison-Wesley 2006: 1-2.
*5. Zajonc A. Light Reconsidered. Optics & Photonics News 2003; 14 (10): S2-S5.

# 3. 빛의 정의

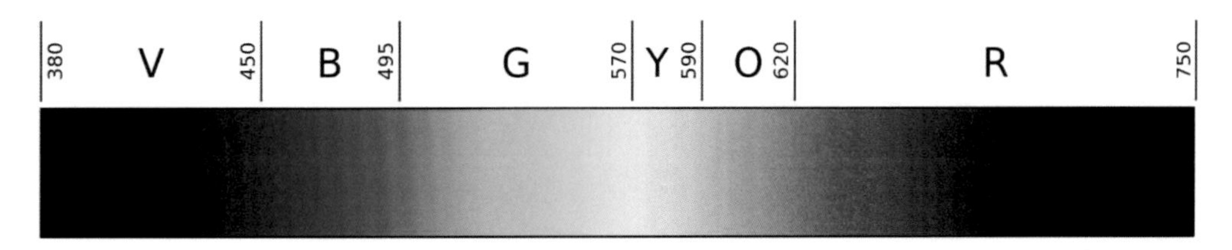


그림 3-3-1. 가시광선 영역대

국립국어원의 표준국어대사전에는 빛(光, light)을 '시각 신경을 자극하여 물체를 볼 수 있게 하는 일종의 전자기파. 태양이나 고온의 물질에서 발한다'라고 정의하고 있다. '빛이란 무엇인가?'라는 질문에 대해 좁은 의미에서의 빛이란 가시광선, 즉 일반적으로 사람이 눈에 볼 수 있는 약 400nm에서 700nm 사이의 파장을 가진 전자기파로 답할 수 있지만, 사실 넓은 의미에서는 모든 종류의 전자기파를 지칭하기도 한다. 자외선과 적외선도 눈에 보이지 않기 때문에 엄밀히 말하면 빛이 아니지만, 가시광선과 유사한 점이 많아서 빛으로 통용되는 경우가 많고, 특히 물리학에서는 주로 넓은 의미로 쓰이고 있는 것이다.

전자기파로서 빛이란 전기장과 자기장이 시공간에서 주기적인 운동을 하면서 전파되는 것을 뜻한다. 예를 들어 파도의 경우는 바닷물을 이루는 물 분자들이 실제로 움직이면서 파동을 만드는데, 물 분자들이 움직이면 바로 옆에 있는 다른 물 분자들이 따라 움직이면서 전파되어 나간다. 지진파는 지면을 구성하는 암반 물질이 움직이면서 파동이 전파되고, 음파의 경우는 공기 분자들이 움직이면서 전파된다. 이처럼 파도에서의 물 분자, 음파에서의 공기 분자와 같이 파동을 전달해 주는 중간 매개 물질을 매질이라고 한다. 하지만 이러한 일반적인 파동과는 달리 빛에서는 실제로 움직이는 물질이 없다. 전기장과 자기장의 세기가 반복적으로 변할 뿐이며, 실제로 움직이는 물질이 없기 때문에 매질이 꼭 없더라도 빛은 전파될 수 있다. 사실 빛은 어떤 매질도 없는 진공 상태에서 가장 빠르게 전파된다.

## 참고문헌

1. 국립국어원. 표준국어대사전. 2020.
2. 석현정, 최철희, 박용근. 빛의 공학: 색채공학으로 밝히는 빛의 비밀. 사이언스북스 2013: 14-6.
3. 정종영. 임상적 피부관리. 도서출판 엠디월드 2010: 793-5.

*1. Hecht E. Optics. 4th Edition. Pearson Education 2002: 43-56.
*2. Lynch DK, Livingston WC. Color and Light in Nature. 2nd edition. Cambridge University Press. 2001: 231.
*3. Maxwell JC. A dynamical theory of the electromagnetic field. Philosophical Transactions of the Royal Society of London 1865; 155: 459-512.
*4. Tunér J, Hode L. Laser Therapy Clinical Practice & Scientific Background. Prima Books 2002: 2-25.

# 4. 전자기스펙트럼

| 명칭 | 파장 | 용도 | 복사원 |
|---|---|---|---|
| 라디오파 | 1-1,000m | 라디오, TV, 휴대폰, 무선통신 | 송신기, 라디오, 전선 |
| 마이크로파 | 1-1,000mm | 레이저, 무선통신, 전자레인지, 속도측정기 | 클라이스트론, 마그네트론, MASER |
| 적외선 | 0.8-1,000μm | 히터, 각종 온열기기, 카메라, 리모콘 | 뜨거운 물체, 불, 적외선램프, LED, 레이저 |
| 가시광선 | 400-800nm | 사진, 조명, 영상, 홀로그램 | 양초, 전구, 손전등, LED, 레이저 |
| 자외선 | 1-400nm | 일광욕실, 피부과 광선치료, 소독 | 자외선램프, 레이저, 가속기 |
| X-선 | 1-1,000pm | 진단 엑스레이, 방사선 항암치료 | 엑스레이 튜브, 가속기 |
| 감마선 | 1-1,000fm | 방사선 항암치료, 과일 등의 음식물 소독 | 방사성 동위원소, 가속기 |

표 3-4-1. 전자기스펙트럼

사전적으로 스펙트럼(spectrum)은 가시광선, 자외선, 적외선 따위가 분광기로 분해되었을 때의 성분을 말하며, 파장에 따라 굴절률이 다르므로 분산을 일으키는데, 이것들은 파장의 순서로 배열된다. 스펙트럼 띠의 상태에 따라 연속 · 휘선 · 대상 스펙트럼으로, 또는 방출 · 흡수 스펙트럼으로 분류한다. 여러 가지 원자나 분자에서 나오는 빛이나 엑스선은 각기 고유한 스펙트럼을 가지고 있어서 이것을 토대로 한 연구는 원자나 분자의 구조를 밝히는 데 이용된다.

전자기스펙트럼(electomagnetic spectrum)은 전자기파를 파장에 따라 분해하여 배열한 것으로 파장이 매우 짧은 감마선부터 X선, 자외선, 가시광선, 적외선, 마이크로파 그리고 파장이 긴 라디오파로 구성된다. 전자기스펙트럼에 들어 있는 각 전자기파는 빛의 속도(진공에서 299,792,458m/sec)로 진행한다. 전자기스펙트럼에 들어 있는 개개 전자기파는 에너지를 가지고 있으며, 전자기파 에너지가 가지고 있는 투과력은 각 전자기파의 파장에 따라 매우 다르다. 그러므로 레이저의 경우 방출되는 파장이 그 레이저의 특징을 결정한다. 또한, 가시광선은 다만 유리를 통과할 수 있지만, X-선과 감마선은 피부뿐만 아니라 깊은 조직까지 침투하여 이를 흡수한 조직을 이온화할 수 있다.

## 참고문헌

1. 강진성. 성형외과학. Third Edition. Volume 4. 얼굴(3). 군자출판사 2004; 2023-4.

2. 국립국어원. 표준국어대사전. 2020.
3. 석현정, 최철희, 박용근. 빛의 공학: 색채 공학으로 밝히는 빛의 비밀. 사이언스북스 2013: 16-21.
4. 정종영. 임상적 피부관리. 도서출판 엠디월드 2010: 793-5.

*1. Hecht E. Optics. 4th Edition. Pearson Education 2002: 69.
*2. Pedrotti FL, Pedrotti LS, Pedrotti LM. Introduction to optics. 3rd Edition. Addison-Wesley 2007: 8-13.
*3. Tunér J, Hode L. Laser Therapy Clinical Practice & Scientific Background. Prima Books 2002: 2-25.

# 5. 광학(Optics)

광학(Optics)은 물리학의 한 분야로서, 빛의 성질과 현상을 연구하는 학문이다. 이러한 광학의 분야에는 빛의 직진, 반사 및 굴절 등 빛의 기하학적 현상을 연구하는 기하광학, 빛을 파동으로 보고 간섭, 회절 및 편광 등을 다루는 물리광학(또는 파동광학), 빛의 방출 및 흡수와 물질과의 상호작용을 연구하는 분광학, 빛의 여러 가지 성질을 양자론적으로 다루는 양자광학, 빛의 색을 다루는 색채학, 빛과 인간의 눈과의 관계를 취급하는 생리광학 등이 있으나 학문적 영역은 분명하지 않다. 보통 좁은 의미로의 광학은 기하광학과 물리광학을 말한다.

인류가 빛을 응용하기 시작한 역사는 오래되었으나. 광학은 17세기경부터 학문적인 체계를 갖추기 시작하였다. 빛의 본성에 관해서는 Newton의 입자설과 Huygens의 파동설이 있었고, 이후 Maxwell의 전자기파설이 대두되었으며, 다시 Planck의 양자가설과 Einstein의 광양자설로 인해 파동설과 입자설이 대립하는 양상을 보였다. 하지만 양자역학에 의해 빛은 파동성과 입자성의 이중성(wave-particle duality)을 가진다는 것이 밝혀졌으며, 광학은 근대물리학 발전의 중심적인 역할을 하게 된 것이다.

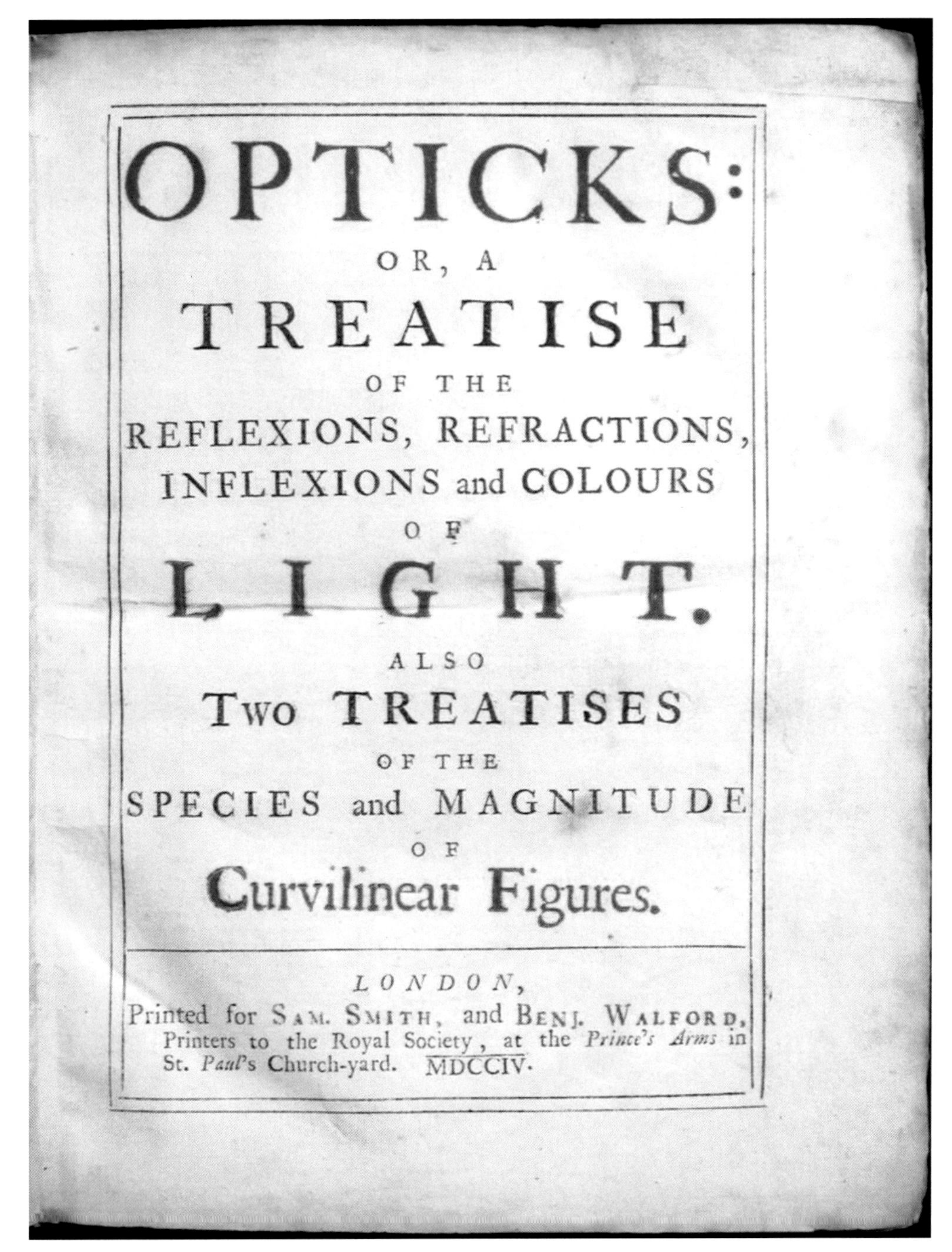
OPTICKS:
OR, A
TREATISE
OF THE
REFLEXIONS, REFRACTIONS,
INFLEXIONS and COLOURS
OF
LIGHT.
ALSO
Two TREATISES
OF THE
SPECIES and MAGNITUDE
OF
Curvilinear Figures.

*LONDON*,
Printed for SAM. SMITH, and BENJ. WALFORD,
Printers to the Royal Society, at the *Prince's Arms* in
St. *Paul's* Church-yard. MDCCIV.

사진 3-5-1. 1704년 Newton이 발간한 Opticks 초판

20세기 후반부터 광학은 응용광학으로서 큰 발전을 이룩하였으며, 특히 레이저의 발

견은 섬유광학, 광통신기술, 광재료기술 등을 새로이 창조하는 계기가 되었다. 더욱이 1960년대부터 최근까지 많은 응용광학 기술들이 민생용, 산업용, 의료용, 군사용으로 개발되었으며, 가까운 장래에 우리의 생활 환경은 더욱 엄청난 변화가 있을 것으로 예견되고 있다.

## 참고문헌

*1. Bass M, Optical Society of America. Handbook of Optics. Volume I. Fundamentals, Techniques, and Design. 2nd edition. McGraw-Hill Professional 1994: 1.3-2.44.

*2. Einstein A. Über einen die Erzeugung und Verwandlung des Lichtes betreffenden heuristischen Gesichtspunkt [On a Heuristic Viewpoint Concerning the Production and Transformation of Light]. Annalen der Physik 1905; 17 (6): 132-48.

*3. Einstein A. Strahlungs-emission und -absorption nach der Quantentheorie. Verhandlungen der Deutschen Physikalischen Gesellschaft 1916; 18: 318-23.

*4. Einstein A. Zur Quantentheorie der Strahlung [On the Quantum Theory of Radiation]. Physikalische Zeitschrift 1917; 18: 121-8.

*5. Huygens C.Traitė de la Lumiere. LeIden, Pierre van der Aa 1690: 1-180.

*6. Maxwell JC. A dynamical theory of the electromagnetic field. Philosophical Transactions of the Royal Society of London 1865; 155: 459-512.

*7. Newton I. Opticks. 1st edition. London: Sam. Smith, and Benj. Watford 1704: 124.

*8. Klein MJ. The First Phase of the Bohr-Einstein Dialogue. Historical Studies in the Physical Sciences 1970; 2: 1-39.

*9. Klein MJ. Einstein and the Wave Particle Duality. The Natural Philosopher 1964; 3: 1-49.

## A. 빛의 생성

"Dixitque Deus fiat lux et facta est lux"
태초에 하나님이 "빛이 있으라." 말씀하시니 빛이 있었다.

창세기 1:3

사진 3-5-A-1. 빛의 생성

빛 에너지의 무한한 보고라고 할 수 있는 태양을 비롯하여 우리가 일상생활에서 사용하고 있는 형광등, 전등, 자동차 헤드라이트, TV나 컴퓨터의 모니터 등 여러 가지 종류의 광원들은 어떤 과정을 거쳐 빛을 생성하는 것일까?

그림 3-5-A-2. 전자가 원자핵 주위를 돌고 있는 원자모형

물질의 기본 단위 입자를 원자(atom)라고 하며, 'atom'의 어원은 그리스어 'ἄτομος(atomos)'로 '분할을 할 수 없는'이라는 뜻이다. 원자는 핵과 전자로 구성되어 있는데, 핵은 양성자와 중성자로 되어 있고 양전하를 띠고 있으며, 음전하를 띠고 있는

전자는 핵을 중심으로 힘의 균형을 유지하면서 일정한 궤도를 돌고 있다. 전자가 안정상태에서 균형을 유지하면서 순조롭게 궤도를 돌고 있을 때는 아무런 에너지 방출도 없는 기저상태(ground state)로서, 전자가 핵에서 가까운 궤도를 돌고 있다.

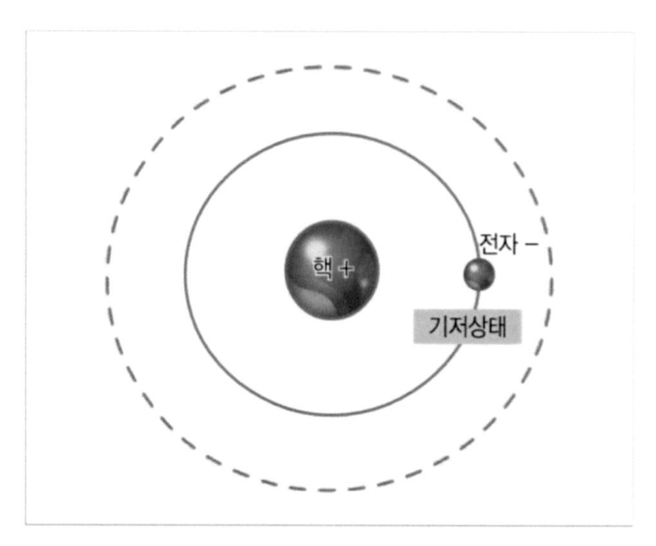


그림 3-5-A-3. 기저상태

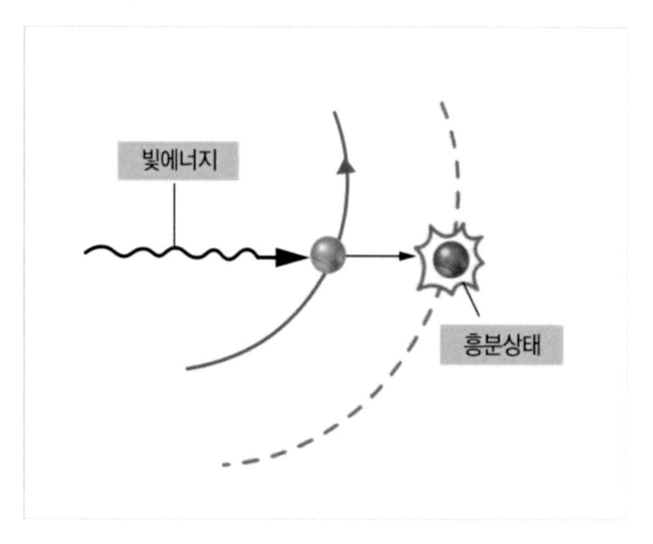


그림 3-5-A-4. 흥분상태

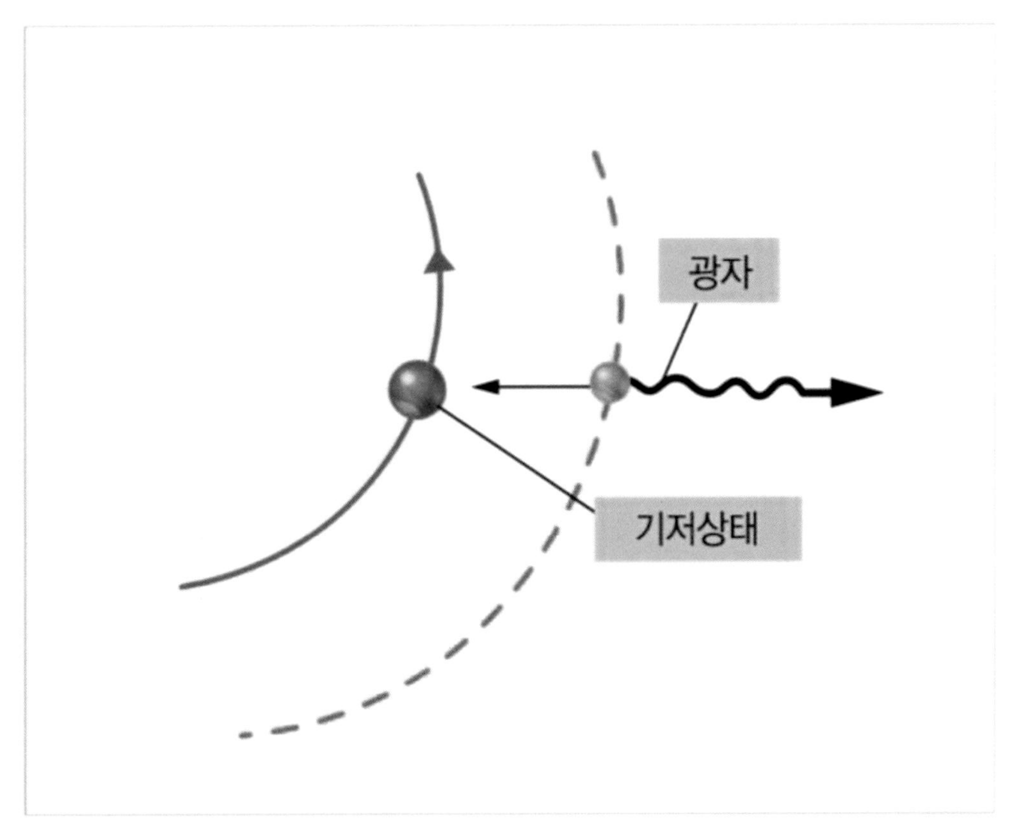


그림 3-5-A-5. 자연방출

여기서 광원의 구성요소인 원자나 분자에 외부로부터 에너지를 가하면 전자가 흥분하여 핵에서 멀리 떨어진 궤도를 돌게 되고 에너지 레벨이 높은 흥분상태(excited state)가 되는데, 이러한 흥분상태는 불안정한 상태이므로 원자나 분자의 전자는 자기가 가지고 있던 광자(photon)를 방출하고 원래의 안정된 기저상태로 되돌아간다. 이를 자연방출(spontaneous emission)이라고 하며, 이렇게 방출된 광자가 곧 빛에너지이다. 우리 주변에 있는 태양을 비롯한 모든 광원으로부터 나오는 빛이란 이러한 과정에 의해 방출된 여러 가지 파장의 광자들의 모임으로, 이러한 빛을 자연광(natural light)이라 한다.

만약 흥분상태에 있는 원자나 분자에 그 원자나 분자가 흥분상태가 되도록 자극했던 똑같은 파장 및 주파수를 가진 빛 에너지를 주게 되면 흥분상태의 전자는 재빨리 자신이 가지고 있던 광자를 방출하고 기저상태로 돌아갈 뿐만 아니라, 기저상태로 돌아가도록 자극했던 광자도 아울러 방출하게 되므로 결과적으로는 똑같은 파장과 주파수를 가진 2개의 광자가 방출되는 결과가 된다.

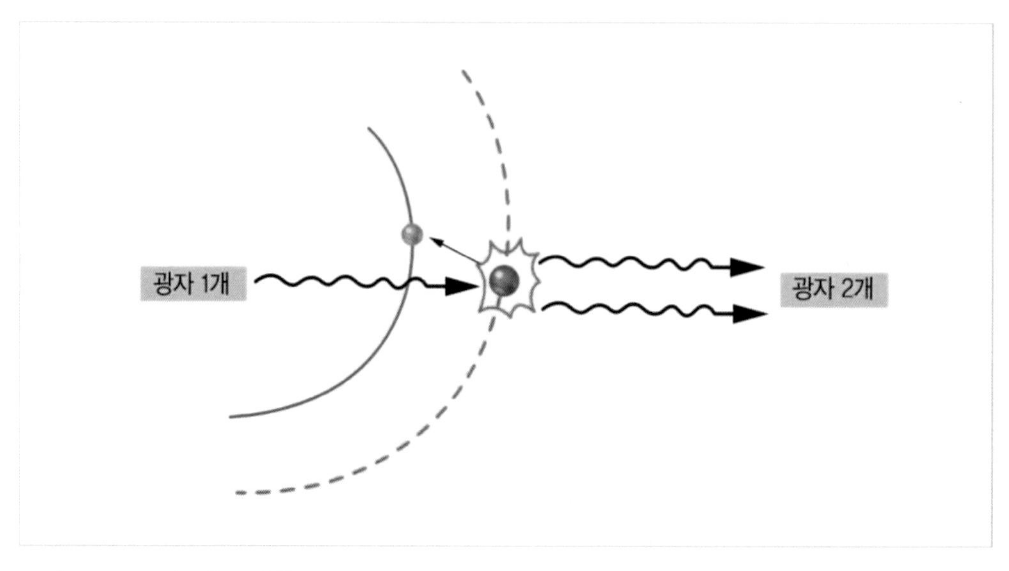


그림 3-5-A-6. 유도방출

이렇게 방출된 광자는 가만히 있지 않고 또 흥분상태에 있는 다른 원자나 분자로 하여금 광자를 내어놓고 기저상태로 돌아가도록 자극하여 연쇄적으로 수많은 광자가 방출되는데, 이를 유도방출(stimulated emission)이라고 한다. 이렇게 해서 만들어져 발진된 빛은 전부 같은 원자나 분자로부터 유도방출된 광자이므로 똑같은 광학적 특성을 가지는 레이저(LASER, Light Amplification by Stimulated Emission of Radiation)로서, 인위적으로 만든 막대한 에너지를 가진 강렬한 빛이다.

## 참고문헌

1. 강진성. 성형외과학. Third Edition. Volume 4. 얼굴(3). 군자출판사 2004; 2020-2.

2. 석현정, 최철희, 박용근. 빛의 공학: 색채 공학으로 밝히는 빛의 비밀. 사이언스북스 2013: 87-106.

3. 이치원. 이해하기 쉬운 광학과 레이저 그 원리와 이용. 공주대학교출판부 2011: 5-6.
4. 정종영. 임상적 피부관리. 도서출판 엠디월드 2010: 793-5.

*1. Dover JS, Arndt KA. Illustrated cutaneous laser surgery: a practitioner's guide. Appleton and Lange 1990: 2.
*2. Edgar S. The Vulgate Bible. Vol 1. The Pentateuch. Harvard University Press 2010: 2.
*3. Einstein A. Strahlungs-emission und -absorption nach der Quantentheorie. Verhandlungen der Deutschen Physikalischen Gesellschaft 1916; 18: 318-23.
*4. Einstein A. Zur Quantentheorie der Strahlung. Physikalische Gesellschaft Zürich 1916; 18: 47-62.
*5. Gould G. The LASER, Light Amplification by Stimulated Emission of Radiation. In: Franken PA, Sands RH, Eds. The Ann Arbor Conference on Optical Pumping. The University of Michigan 1959: 128.
*6. Liddell HG, Scott R. "ἄτομος". A Greek-English Lexicon. Harper & Brothers 1883: 244.

## B. 광자(photon)

> I therefore take the liberty of proposing for this hypothetical new atom, which is not light but plays an essential part in every process of radiation, the name photon. -Gilbert N. Lewis, 1926-

빛은 때에 따라서 파동성과 입자성 중 어느 한쪽을 보이는 이중성을 띤다. 빛은 파동의 성질로 본다면 전자기파에 해당하지만, 빛을 입자로 보았을 때의 이름은 광자(photon)이다. 1905년 Einstein은 광양자(light quantum)라는 용어를 사용하였으나, 이후 빛을 의미하는 그리스어 φώτο(photo)에서 유래된 'photon'이라는 용어를 1926년에 Lewis가 제안한 이후 여러 사람들에 의해 사용되어 왔다.

태양이나 전구, 모닥불이나 전파 송신기 등에서 방출되어 나오는 복사(radiation)를 가리켜 전자기파라고 한다. 이것은 초당 30만km의 빛과 같은 속도로 여행하는 광자로 구성된 에너지의 한 형태이며, 광자는 다른 이름으로 파동입자(wave particle) 또는 파동묶음(wave packet)으로도 불린다. 각각의 광자는 파장과 주파수(진동수)를 가지고 있는 파동의 형태로 존재하는 작은 에너지의 꾸러미인 것이다.

여기서 파장(λ)과 주파수(ν)의 상호관계는 다음 공식과 같다.

$$\lambda \times \nu = c$$

진공 속에서의 빛의 속도 c는 일정하다. 하지만 굴절률이 n인 매질 속에서의 빛의 속도는 c/n로 진공 속에서의 속도보다 느리다. 다양한 파장을 가진 광자들은 서로 다른 에너지 준위를 가진다. 광자가 가진 에너지는 진동수에 비례하므로 다음과 같은 식으로 표시된다.

$$E = h \times \nu = h \times c / \lambda$$

즉, 광자의 에너지는 플랑크상수(h)에 진동수(ν)를 곱한 값이며, 광자의 파장이 길면 길수록 에너지는 낮아지고 짧으면 짧을수록 에너지가 높아진다.

## 참고문헌

*1. Einstein A. Über einen die Erzeugung und Verwandlung des Lichtes betreffenden heuristischen Gesichtspunkt. Annalen der Physik 1905; 17 (6): 132-48.

*2. Kragh H. Photon: New light on an old name. History and Philosophy

of Physics 2014: 1-16.
*3. Lewis GN. The nature of light. Proceedings of the National Academy of Science 1926; 12: 22-9.
*4. Lewis GN. The conservation of photons. Nature 1926; 118: 874-5.
*5. Troland LT. On the measurement of visual stimulation intensities. Journal of Experimental Psychology 1917; 2: 1-33.
*6. Tunér J, Hode L. Laser Therapy: Clinical Practice & Scientific Background. Prima Books 2002: 2-25.

## C. 빛의 속도

사진 3-5-C-1. 빛의 속도는 진공 속에서 299,792,458m/s

물리적인 관점에서 보는 빛은 전자기파이며, 매질이 없이도 전파되어 나간다. 빛은 각각의 여러 물질과도 상호작용을 하며, 간섭 및 회절과 같은 파동성을 가짐과 동시에 양자적인 성질의 입자성을 띠기도 하고, 일정한 에너지를 갖고 있으므로 빛의 속도 개념을 이해하는 것은 매우 중요하다.

오래전부터 실제로 빛의 속도를 측정하려고 시도했던 과학자들에 의한 역사를 되돌아보는 일은 가슴 두근거리는 흥분을 가져다준다. 하지만 현재 빛의 속도는 정확한 값으로 정의되어 있으며, 진공 속에서 빛의 속도는 초속 299,792,458m로서 1초에 약 30만km이다. 이러한 진공 중 빛의 속도(c)는 변하지 않는, 물리적으로 매우 중요한 상수이다.

과학의 발달과 함께 20세기 중반부터 빛의 속도를 점점 더 정확하게 측정하는 실험들이 개발되었고, 계속 빛의 속도의 값이 불확실하게 비교되었으므로, 마침내 1975년에 개최되었던 15회 국제도량형총회(Conférence Générale des Poids et Mesures, CGPM)에서 빛의 속도를 299,792,458m/s로 지정하였으며, 1983년에 있었던 17회 CGPM에서는 미터(m)를 '빛이 진공에서 1/299,792,458초 동안 움직인 거리'라고 재정의하면서 진공에서의 빛의 속도는 정확히 299,792,458m/s로 고정되었고, 이것이 현재의 SI 단위가 되었다.

일반적으로 물체의 속도는 단위시간 동안 이동한 거리로 정의된다. 여기서 빛의 속도를 표현하기 위해 단위시간을 전자기파가 한번 진동하는 시간으로 정한다면, 단위시간은 전자기파가 한 번 진동하는 데 걸리는 시간, 즉 주기 T이고 단위시간 동안 이동한 거리는 전자기파의 파장 $\lambda$이 되므로, 다음과 같이 빛의 속도를 파장과 주기(진동수 f의 역수)로 표현할 수 있다.

$$c = \lambda / T = \lambda f$$

어떠한 물체도 빛보다 빨리 이동할 수는 없다. 상대성 이론의 근간인 광속불변의 원리란 어떤 관측자가 보아도(관측자가 빛의 속도에 가까운 우주선을 타고 있는 경우라도) 진공 중 빛의 속도 c는 변하지 않고 일정하다는 것이다. 하지만 빛이 물질을 지날 때는 진공에서의 속도보다 항상 느려진다. 즉, 빛이 어떤 매질을 투과하며 지나갈 때 그 속도는 진공 중 속도보다 항상 느려지게 되는데, 이때 빛의 속도가 얼마나 느려지는가를 통해 물질의 굴절률이 정의된다. 진공 중에서 빛의 속도를 c라 하고, n이 라는 굴절률을 가지는 매질을 지나는 빛의 속도 v는 다음과 같이 기술된다.

$$n = c / \nu$$

또한, 참고로 물질에 따른 굴절률과 각 물질을 통과하는 빛의 속도를 산출해 보면 다음과 같다.

| 물질 | 굴절률(n) | 물질 내 빛의 속도(×10⁸m/s) |
|---|---|---|
| 진공 | 1.00 | 3.00 |
| 물 | 1.33 | 2.25 |
| 생리식염수 | 1.337 | 2.24 |
| 에탄올 | 1.36 | 2.20 |
| 석영유리 | 1.46 | 2.05 |
| 수정 | 1.54 | 1.94 |
| 생물세포 | 1.34~1.60 | 1.87~2.23 |
| 사파이어 | 1.77 | 1.70 |
| 다이아몬드 | 2.42 | 1.24 |

표 3-5-C-1. 물질에 따른 굴절률과 물질 내 빛의 속도

## 참고문헌

1. 석현정, 최철희, 박용근. 빛의 공학: 색채 공학으로 밝히는 빛의 비밀. 사이언스북스 2013: 14-6.
2. 이치원. 이해하기 쉬운 광학과 레이저 그 원리와 이용. 공주대학교출판부 2011: 8-9.

*1. Bureau International Des Poids et Mesures. Definition of the metre. Resolution 1. The 17th Conférence Générale des Poids et Mesures (1983). Comptes Rendus 1984: 97-8.
*2. Bureau International Des Poids et Mesures. Recommended value for

the speed of light. Resolution 2. The 15th Conférence Générale des Poids et Mesures (1975). Imprimerie Durand 1976: 103.
*3. Giacomo P. News from the BIPM. Metrologia 1984; 20: 25.
*4. Terrien J. News from the Bureau International des Poids et Mesures. Metrologia 1975; 11: 179.

## D. 빛의 색

사람들은 17세기까지 빛의 색은 없다고 믿었다. Descartes 역시 빛은 특정한 색상이 없는 백색이고, 프리즘을 통과하면서 나오는 무지개색은 프리즘 재질의 고유한 성질 때문에 일어나는 현상이라고 생각했다.

하지만 Newton은 이와 같은 통념에 의문을 가지고 프리즘 2개를 이용한 실험을 고안하였다. 첫 번째 프리즘으로 백색광(당시 햇빛)을 여러 가지 색으로 구분한 후, 작은 구멍(slit)을 이용하여 구분된 여러 색 중 한 가지 색의 빛만을 선택하였는데, 이렇게 선택된 빛이 다시 프리즘을 지나가게 했더니, 빛의 색이 변하지 않는다는 사실을 알게 되었다. 만약 무지개 빛이 프리즘을 구성하는 물질에서 발생하는 것이라면, 두 번째 프리즘을 지난 후 다시 여러 가지 색으로 갈라졌을 것이나 한 번 프리즘으로 갈라진 빛은 두 번째 프리즘을 지나며 갈라지지 않았던 것이다. 이 실험의 결과는 백색광이 수많은 색의 빛으로 구성되어 있음을 주장할 수 있는 뒷받침이 되었고, 그 후에 많은 연구를 통해 빛의 색이란 전자기파의 파장을 사람의 시각이 느끼는 현상이라는 것을 알게 되었다.

단색광(monochromatic light)이란 한 가지 파장만을 가지고 있는 빛이고, 다색광(polychromatic light)이란 여러 가지 파장을 가지고 있는 빛을 말한다. 백색광은 태양 빛처럼 가시광선 영역대를 모두 포함하고 있을 때를 지칭한다. 레이저는 단일 파장의 빛을 증폭시키는 구조를 가지므로 레이저에서 나오는 빛은 한 가지 색만을 가지게 된다. 하지만 최근에는 나오는 빛의 파장이 바뀌는 레이저와 태양 빛과 같은 백색광을 내는 레이저(supercontinuum laser) 등도 있다.

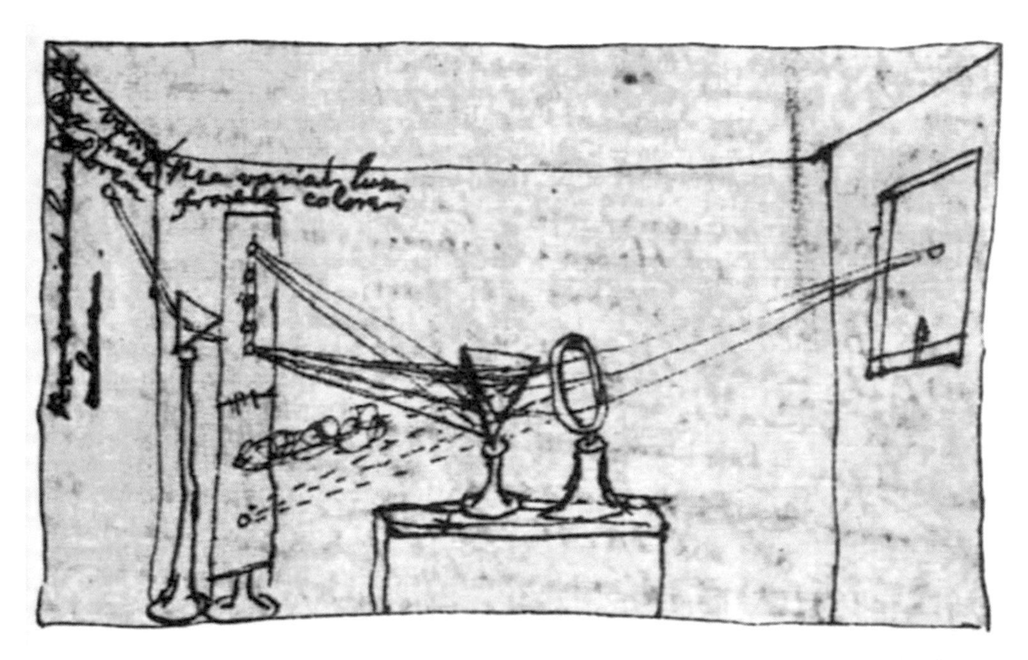

사진 3-5-D-1~2. Newton의 실험

## 참고문헌

1. 석현정, 최철희, 박용근. 빛의 공학: 색채 공학으로 밝히는 빛의 비밀. 사이언스북

스 2013: 16-21.

*1. Boyle D. Descartes' Natural Light Reconsidered. Journal of the History of Philosophy 1999; 37 (4): 601-12.
*2. Newton I. Opticks. 1st edition. London: Sam. Smith and Benj. Walford 1704: 124.
*3. Sabra AI. Theories of Light, from Descartes to Newton. CUP Archive 1981: 233-50.
*4. Westfall RS. The Development of Newton's Theory of Color. Isis 1962; 53 (3): 339-58.

## E. 빛과 물질의 상호작용

사진 3-5-E-1. 빛을 받아 아름답게 빛나는 장식품들

사람의 몸은 다양한 감각을 통해 끊임없이 변화하는 외부 환경을 인지하고, 동시에 내부 환경의 항상성을 유지한다. 주위 환경은 계속해서 변화하므로 생명체가 정상적인 기능을 수행하기 위해서는 자신의 내부 환경을 최적의 상태로 일정하게 유지해야 하는 것이다. 이처럼 항상성은 생존을 위해 반드시 필요한 부분으로, 외부 환경의 변화를 인지하기 위해서 중요하지 않은 감각은 없겠지만, 그중에도 특히 빛을 감지하는 '시각'은 매우 중요하다.

사물을 식별할 수 있는 것은 태양의 빛이나 다른 광원에서 기원한 빛이 물체에 부딪히며 반사되거나 또는 산란된 일부가 우리 눈의 망막에 맺혀 시신경을 거쳐 뇌로 전달되기 때문이다. 빛이 물체에 부딪히면 그 일부는 그대로 물질을 투과하고, 일부는 원래 빛의 경로와 다른 방향으로 반사 또는 산란한다. 또한, 일부는 물질에 흡수되어 다른 형태의 에너지로 변환되기도 한다. 이와 같은 일련의 현상들은 어느 정도 큰 물체에 빛을 비추었을 때 나타나는 광자와 큰 물체 사이의 상호작용이라고 할 수 있으며, 거시적인 측면에서 본다면 투과, 반사, 산란, 흡수 등으로 표현할 수 있다.

하지만 더 자세히 들여다보면 광자와 물질과의 상호작용은 물질을 구성하는 기본 단위인 분자나 원자 수준에서 일어난다는 것을 알 수 있다. 빛은 전자기파이므로 근본적으로 전기장과 자기장을 동시에 가지고 있지만, 일부 자성 물질을 제외한 대부분의 물질은 전기장의 성질만을 가지므로 음전하를 띠고 있는 전자가 빛과 상호작용을 하는 과정에서 가장 중요한 역할을 담당한다. 물론 핵을 구성하는 양성자와 빛이 반응할 수 있으나, 이는 광자의 에너지가 매우 높은 경우에만 해당한다.

물질에 흡수된 빛은 물질을 구성하는 분자의 전자를 들뜬 상태로 활성화시키며, 들뜬 상태로 활성화된 전자는 그 자체로는 불안정하므로 다시 안정된 상태인 원래의 기저상태로 돌아가게 된다. 이렇게 전자가 원래의 기저상태로 돌아가면서 방출하는 여분의 에너지는 광물리, 광화학 또는 광유도-전자 전이 등과 같은 다양한 과정을 거쳐 소진된다. 특히 광물리 효과는 다양한 형태로 나타나서 광자의 형태로 방출되는 복사, 대부분 열로 방출되는 비복사 형태의 방출, 주위 분자로 에너지가 전이되는 에너지 이동 등이 있으며 주위 분자와 복잡한 활성화 과정을 구성하기도 한다.

특히 분자에 흡수된 광자는 분자 또는 원자의 전자 에너지 준위를 바닥 수준에서 들뜬 수준으로 상승시키며, 에너지를 흡수한 들뜬 상태의 전자는 자발적으로 광자를 방출하면서 원래의 기저상태로 돌아가는데, 만약 주위에 들뜬 상태의 전자를 가지는 분자가 물질 내에 더 많을 경우 유도방출이 발생할 수 있으며, 이러한 유도방출이 일어나려면 같은 주파수를 가진 광자에 의한 촉발이 필요하고, 이는 레이저의 기본 발생원리가 된다.

## 참고문헌

1. 석현정, 최철희, 박용근. 빛의 공학: 색채 공학으로 밝히는 빛의 비밀. 사이언스북스 2013: 164-80.
2. 이치원. 이해하기 쉬운 광학과 레이저 그 원리와 이용. 공주대학교출판부 2011: 18-48.

*1. Hecht E. Optics. 4th Edition. Pearson Education 2002: 112-23.
*2. Pedrotti FL, Pedrotti LS, Pedrotti LM. Introduction to optics. 3rd Edition. Addison-Wesley 2007: 483-93.

## F. 빛과 피부의 상호작용

사물을 식별할 수 있는 것은 태양 빛이나 다른 광원에서 기원한 빛이 물체에 부딪히며 반사 또는 산란하여 우리 눈에 들어오기 때문이다. 이렇듯 물체에 부딪힌 빛의 일부는 그대로 투과하기도 하고 일부는 원래 빛의 경로와 다른 방향으로 진행하는 산란 또는 반사 현상을 나타내기도 한다. 또한, 일부는 물질에 흡수되어 다른 형태의 에너지로 변환된다. 이러한 일련의 현상은 물체와 빛의 상호작용을 거시적인 측면에서 볼 때 드러나는 현상이다.

빛이 피부에 닿은 순간도 역시 반사, 산란, 투과, 흡수의 네 가지 현상이 일어난다. 즉, 빛이 피부에 도달하면 일부는 표면에서 반사 및 산란하고, 일부는 조직 내에 침투하여 산란 및 흡수되며, 나머지는 조직을 투과한다. 피부표면에서 반사와 산란의 정도는 표면의 거칠기 정도와 굴절률 그리고 조사광선의 표면 입사각에 따라 달라지며, 조직 속으로의 침투 정도는 조직의 성분, 조사광선의 파장에 따라 변화한다.

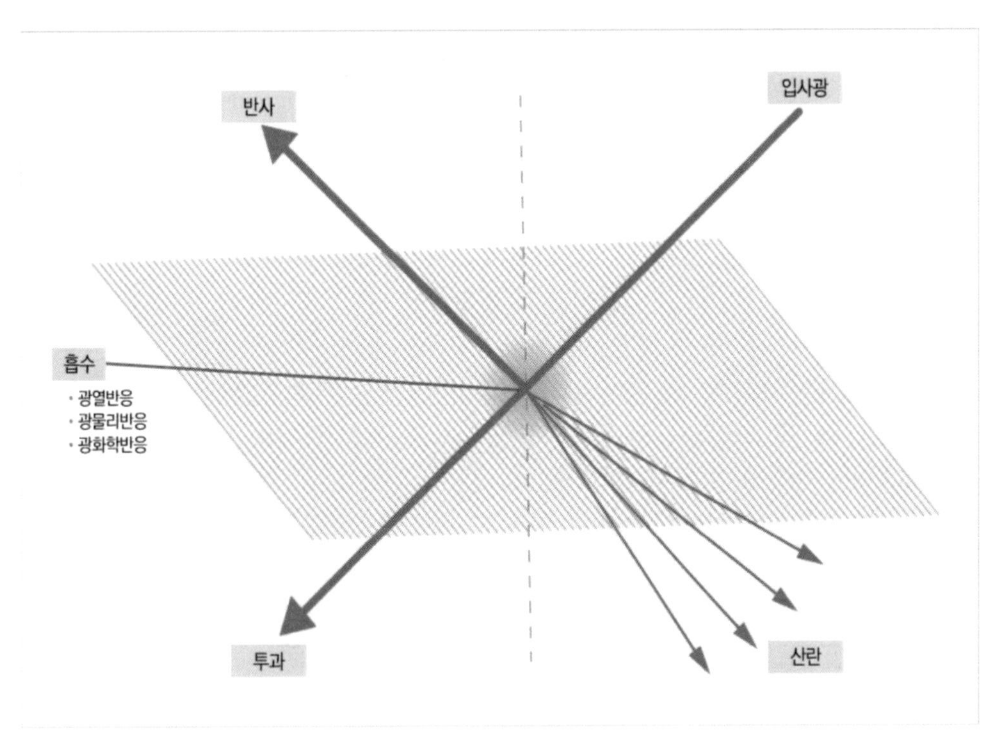


그림 3-5-F-1. 빛의 투과, 흡수, 산란 혹은 반사 현상

## (1) 반사

반사는 일정한 방향으로 나아가던 빛이 다른 물체의 표면에 부딪혀서 나아가던 방향을 반대로 바꾸는 현상을 말하며, 거의 대부분의 표면에서 빛은 반사된다. 이때 입사한 각도와 반사된 각도는 정확히 같은데, 이를 반사의 법칙이라고 한다. 또한, 표면에서 빛의 흡수가 일어나지 않는다면 입사한 빛의 에너지도 100% 반사된다.

외부반사는 빛이 굴절률이 작은 물질(소한 매질)에서 굴절률이 큰 물질(밀한 매질) 방향으로 진행할 때 그 표면에서 반사되는 경우이며, 내부반사는 빛이 굴절률이 큰 물질(밀한 매질)에서 굴절률이 작은 물질(소한 매질) 방향으로 진행할 때 그 경계면에서 반사되는 경우이다. 내부반사는 입사광의 입사조건에 따라 전반사가 가능한데, 이러한 현상을 이용하는 것이 바로 광섬유의 원리이다.

거울과 같이 매끈한 표면에서는 입사한 파면이 그대로 유지되면서 반사되는데 이를 정반사라고 하며, 거친 표면에서는 입사한 파면의 왜곡이 일어나서 원래 입사된 파면의 정보를 알아볼 수 없는 상태가 되는데 이를 난반사라고 한다. 실제로는 오직 완벽하게 연마된 면만 거울반사에 가깝기 때문에 실제로는 모든 평면 반사면에서 어느 정도의 난반사가 생긴다.

피부의 제일 바깥층인 각질층에는 각질이 쌓인 언덕과 각질이 떨어져 나간 계곡 때문에 매끄럽지 못한 피부 상태로 빛의 난반사가 일어나 칙칙한 피부 상태를 보일 수 있으며, 이상적인 임상피부관리는 이러한 상태를 호전시켜 맑고 매끄러운 피부결을 유지하게 한다. 빛이 피부 내로 더 많이 들어가기 위해서는 입사광이 최대한 피부표면과 수직(입사각 0°)으로 조사되어야 하며, 표면은 산란을 줄이기 위해 매끄러워야 한다.

## (2) 산란

산란은 빛이 물체와 충돌하여 여러 방향으로 흩어지는 현상을 말하며, 충돌 전후에 운동 에너지의 변화가 없는 탄성 산란과 변화가 있는 비탄성 산란이 있다. 탄성 산란은 입자가 파장에 비해 충분히 작을 때 나타나는 레일리(Rayleigh)산란과 입자가 충분히 큰 경우에 나타나는 미(Mie)산란으로 나뉘는데, 전자는 하늘이 파랗게 보이는 이유가 되며 후자는 우유나 안개가 하얗게 보이는 이유가 된다.

산란은 입사하는 매질의 표면이 거칠수록, 파동이 진행하는 매질 내에 부딪힐 수 있는 입자가 많을수록 잘 일어나게 된다. 또한, 단위시간 당 움직이는 거리가 많을수록 잘 일어나므로, 파장이 짧은 경우 단위시간에 더 많이 움직이면서 더 많은 입자와 부딪혀 산란이 잘 된다. 산란이 되면 피부를 투과하는 깊이가 더 짧아지게 되므로 짧은 파장의 빛일수록 깊게 투과하지 못하게 된다. 즉, 레이저의 침투력은 파장에 비례하여, 파장이 길면 길수록 조직을 더 깊이 침투한다. 파장이 짧으면 짧을수록 더 많이 산란한다는 것이다.

## (3) 흡수

흡수는 전자기파나 입자선이 물질 속을 통과할 때 에너지나 입자가 물질에 빨려들어 그 세기나 입자 수가 감소하는 현상을 말한다. 이렇게 흡수된 빛에너지는 사라지는 것이 아니라 다른 형태로 변환된다. 일반적으로 열에너지 형태로 변환되는 광열반응 외에 광물리반응, 광화학반응을 나타낼 수 있다.

양자역학에 의한 발색이론의 발전으로 물질에 따른 빛의 선택흡수의 본질이 해명되어 발색단(chromophore)은 빛을 흡수하는 원자 또는 원자단을 이르는 말로서, 레이저와 관련하여 발색단은 '빛을 흡수하는 피부 구성성분'으로 이해될 수 있다. 피부에서 빛을 흡수하는 발색단은 물, 헤모글로빈, 멜라닌, DNA, RNA, 단백질(콜라겐, 엘라스틴), 지방, 카로틴, 문신색소 등이다. 각각의 발색단은 특정 파장을 선택적으로 흡수하는데, 특정 발색단에 선택적으로 잘 흡수되는 파장의 레이저빔을 조사하면 산란은 최소로 되고 흡수는 최대로 되어 조직에 열 손상을 가져오게 된다.

## (4) 투과

투과는 빛이 물질의 내부를 통과하는 현상을 말한다. 투과되는 빛의 양은 결국 반사, 산란, 흡수되지 않고 남은 빛의 양이 될 것이다. 조직에 빛이 깊이 투과되도록 하려면, 입사광이 최대한 피부 표면에서 수직이 되도록 하는 것이 좋으며 표면은 산란을 줄이기 위해 매끄러워야 한다. 파장이 짧으면 산란이 많아져서 깊게 들어갈 수 없다. 또한, 투과 도중 특정 발색단에 흡수되어 버리면 깊게 투과되지 못할 것이다.

그래서 대개 파장이 길수록 깊이 투과되므로 가시광선보다는 근적외선이 생체 분자에 반응하지 않고 조직 깊숙이 침투할 수 있어 광학 생체영상이나 조직 깊숙한 부위에 열을 전달하는 수단으로 쓰인다. 하지만 물에 흡수되는 영역이 많은 1,300nm 이후부터는 흡수가 많아지면서 오히려 깊이 투과하지 못하게 된다. 그러므로 물에 흡수가 잘되는 파장의 적외선을 이용한 어븀야그(2,940nm)레이저나 $CO_2$ (10,600nm)레이저가 오히려 투과 깊이가 얕으므로, 깊은 조직에는 화상을 입히지 않고 피부 표면에서 원하는 조직만을 증발시켜 태워 없앨 수 있는 것이다.

【참고】

## 굴절

굴절은 빛이 한 매질에서 다른 매질로 들어갈 때 경계면에서 그 진행 방향이 바뀌는 현상을 말한다. 이것은 다른 굴절률을 가진 물질 속에서는 빛의 속도가 다르기 때문에 발생하는 현상으로, 물질에서 전파되는 빛의 속도는 각 물질의 고유한 굴절률로 정해진다. 하지만 대개 피부 치료용으로 사용되는 빛이 피부 면에 직각으로 조사되어 입사각이 제로에 가깝게 되면 굴절은 보이지 않는 경우가 많고 무시할 만큼 작다.

사진 3-5-F-2. 빛의 굴절

## 참고문헌

1. 강진성. 성형외과학. Third Edition. Volume 4. 얼굴(3). 군자출판사 2004; 2037.
2. 국립국어원. 표준국어대사전. 2020.
3. 석현정, 최철희, 박용근. 빛의 공학: 색채 공학으로 밝히는 빛의 비밀. 사이언스북스 2013: 26-47, 191.
4. 이치원. 이해하기 쉬운 광학과 레이저 그 원리와 이용. 공주대학교출판부 2011: 20-48.

*1. Hecht E. Optics. 4th Edition. Pearson Education 2002: 112-23.
*2. Pedrotti FL, Pedrotti LS, Pedrotti LM. Introduction to optics. 3rd Edition. Addison-Wesley 2007: 29.
*3. Tunér J, Hode L. Laser Therapy Clinical Practice & Scientific Background. Prima Books 2002: 29-30.

## G.빛의 색채학

사람은 가시광선에 해당하는 전자기파만을 시각적으로 감지할 수 있어서 가시광선 영역 내에서 단파장 계열은 파란빛으로, 장파장 계열은 빨간색으로 지각한다. 자칫 특정 파장의 빛이 특정 색상의 속성을 가지는 것으로 이해될 수 있으나, 빛이 색을 나타내는 것은 아니다. 색은 빛의 물리량에 따른 현상이 아닌 것이다. 가시광선 영역의 복사에너지가 눈의 망막에 맺힐 때 감광 색소가 어떻게 반응하느냐에 따라 빛 정보는 색 정보로 전환되어 신경 다발을 통해 뇌로 전달된 다음, 최종적으로 뇌에서 해석한 심리량이 비로소 색채이다.

주변 사물을 여러 가지 색채로 인지하는 것은 광원에서 나온 빛이 물체 표면에 반사된 후 그 반사된 빛을 우리 눈이 감지한 결과에 해당하는데, 이러한 물체색은 물체 표면을 구성하는 원자나 분자가 만들어 내는 결과로서, 그 물질 자체가 가진 속성이다. 물감의 색을 본다는 것은 물감을 구성하는 물질이 특정 파장의 빛을 흡수하는 분자 구조를 가지고 있어 흡수되지 않는 파장의 빛만 눈에 지각되는 것이다. 예컨대, 파란 물감은 파란색으로 보이게 될 단파장의 빛을 제외한 다른 파장의 가시광선을 모두 흡수하기 때문에 파란색으로 보이는 것이다.

사진 3-5-G-1. 천마터널 내 졸음운전 방지를 위해 1km마다 나타나는 무지개빛 조명

하지만 물체색과는 달리 물체 표면의 미세한 구조적 특성에 의해 표현되는 색이 있는데, 이것을 구조색이라고 한다. 공작의 날개나 화려하고 아름다운 나비와 곤충들의

색은 빛의 흡수가 아닌 표면의 미세한 구조에 의한 빛의 간섭현상으로 나타난다. 최근 이러한 구조색의 원리를 인공적으로 다양한 곳에서 이용하려는 수요가 증가함에 따라 관련 기술을 확보하려는 활발한 학술연구가 진행되고 있다.

또한, 물체 표면이 스스로 빛을 발하는 경우는 발광색이라고 한다. 태양을 보는 것은 발광색을 보는 것이고, 밤하늘의 달을 보는 것은 물체색을 보는 것이다. 책을 읽는 것은 물체색을 보는 것이고, 전자북을 읽는 것은 발광색을 보는 것이다. 그러므로 책을 읽기 위해서는 주변이 충분히 밝아야 하지만, 태블릿 컴퓨터로 전자 출판물을 읽기 위해서는 디스플레이의 밝기만 충분하면 그만이다.

검은색이라는 물체색을 보는 경우, 검은색 물체는 그 표면에서 가시광선 영역의 빛을 모두 흡수해 버렸기 때문에 우리 눈이 감지할 재료가 없는 셈이 된다. 반대로 하얀색으로 보이는 경우는 물체의 표면에서 가시광선 영역의 빛을 대부분 난반사했기 때문이다. 따라서 물체색을 지각하기 위해서는 광원이 물체 표면을 향해야 하며, 물체 표면에서는 이를 반사해야 한다. 다시 말해 주어진 광원이 가시광선 영역에서 어떠한 에너지 분포를 가지고 있는지, 물체 표면의 반사율이 어떤지를 알 수 있다면 우리 눈에 감지될 빛의 물리적 속성을 예측할 수 있다. 그러므로 동일한 물체도 어떤 광원 아래서 관찰하느냐에 따라 다른 색으로 보일 수 있으므로 물체색을 측정할 때는 어떤 광원 하에서 관찰한 결과인지 반드시 설명할 필요가 있다.

## 참고문헌

1. 석현정, 최철희, 박용근. 빛의 공학: 색채 공학으로 밝히는 빛의 비밀. 사이언스북스 2013: 26-47, 238-338.

*1. Edridge-Green FW. The perception of light and color. Br Med J 1905;2 (2325): 177-9.
*2. Stevens Wle C. Color vision and light. Science 1896; 3 (65): 478-80.
*3. Waldman G. Introduction to Light: The Physics of Light, Vision, and Color. Courier Corporation 2002: 154-9.

# 6. 레이저

## A. 레이저광의 특성

레이저는 '신기한 빛'을 만들어 내는 양자역학적 장치로, 원자가 신비한 방식으로 전자기 복사와 상호작용하는 것을 이용한다. 이처럼 인공적으로 만든 빛인 레이저 광선은 그 특성이 태양광선이나 백열등에서 나오는 일반 광선과는 다르다. 레이저는 단일 파장의 빛을 증폭시키는 구조를 가지므로 레이저에서 나오는 빛은 단색성이며, 일정한 방향성 및 결집성을 가지는 특성이 있다. 또한, 일시적으로 강한 고광휘도를 보여 치료하고자 하는 병변에 그 힘을 집중시킬 수 있는 특성을 가지고 있다.

### (1) 단색성(monochromaticity)

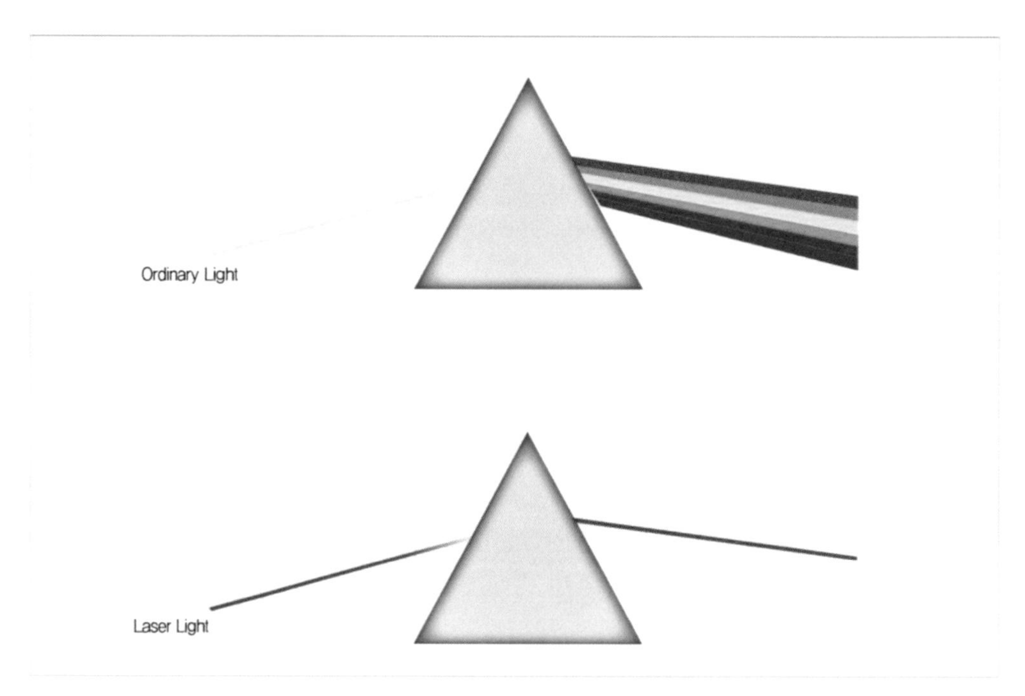


그림 3-6-A-1. 단색성

우리가 잘 아는 바와 같이 태양광선을 프리즘에 통과시키면 프리즘을 지난 광선이 여러 가지 색깔로 구별되어 분산 스펙트럼이 생기는 것을 볼 수 있다. 태양광선 속에는 여러 가지 파장의 빛이 섞여 있으므로 그 파장의 장단에 따라 프리즘에서 굴절하는 정도가 다르게 되므로 굴절 후 광선의 진로는 파장, 즉 색깔에 따라 다르게 진행한다. 하지만 레이저 광선의 경우는 광선의 진로는 굽어지지만, 색깔에 따른 변화는 나타나지 않는다. 이러한 현상은 레이저 빛이 거의 단일 파장, 즉 단색성이 좋은 광선임을 의미하는 것이다.

엄밀한 의미에서는 어떤 빛도 완전한 단색광이 될 수 없지만, 레이저 빛은 다른 광원에 비해 이상적인 한계에 더 접근해 있다. 왜냐하면, 레이저의 빛은 파장, 방향, 위상, 편광 등의 광학적 특성이 모두 동일한 유도방출된 광자들의 모임이기 때문이다. 이러한 성질로 인해 발색단에 선택적으로 작용하므로, 혈관 병변이나 색소 병변 등을 치료하는 데 선택하여 사용할 수 있다.

## (2) 지향성(Directionality, collimation)

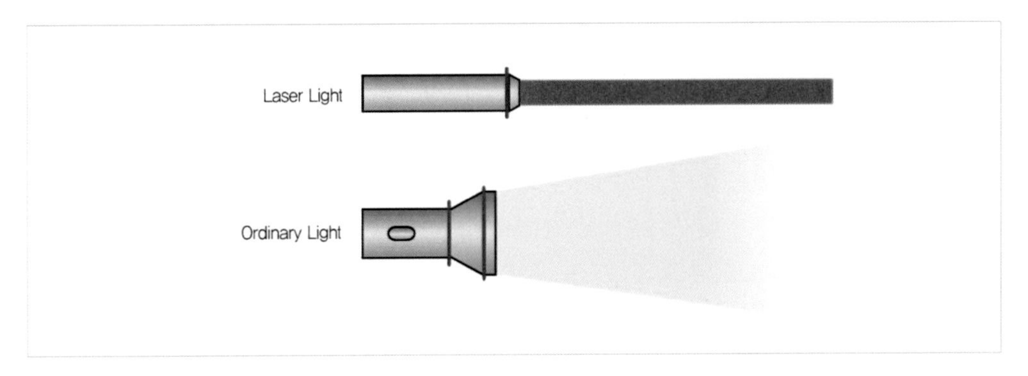


그림 3-6-A-2. 지향성

레이저 광선의 또 다른 특성 중의 하나는 빛이 아주 곧게 뻗어 나가는 지향성(또는 콜리메이션)에 있다. 레이저광은 공진기 내에서 유도방출에 의해 발생한 광자선이 광축에 평행한 것만 출력되어 나오기 때문에 근본적으로 방향성이 일정한 광선인 것이다. 일반 광원에서 나온 빛은 모든 방향으로 고루 퍼지지만, 레이저의 빛은 모두가 일정한 방향성을 가지고 평행하게 직진한다.

렌즈나 거울의 도움이 있든 없든, 다른 어떤 광원도 레이저처럼 정밀하고 확실하며 최소의 각 퍼짐을 가지는 그런 빔을 만들어 낼 수 없다. 이러한 레이저광이 곧게 뻗어 나가는 지향성은 레이저 공진기의 기하학적 구조와 유도방출이 동일한 광자들을 발생시킨다는 사실에서 기인한다. 또한, 이러한 특성 때문에 레이저광을 렌즈로 한 점에 모으면 강력한 에너지를 발휘할 수 있다.

## (3) 결맞음성(Coherence)

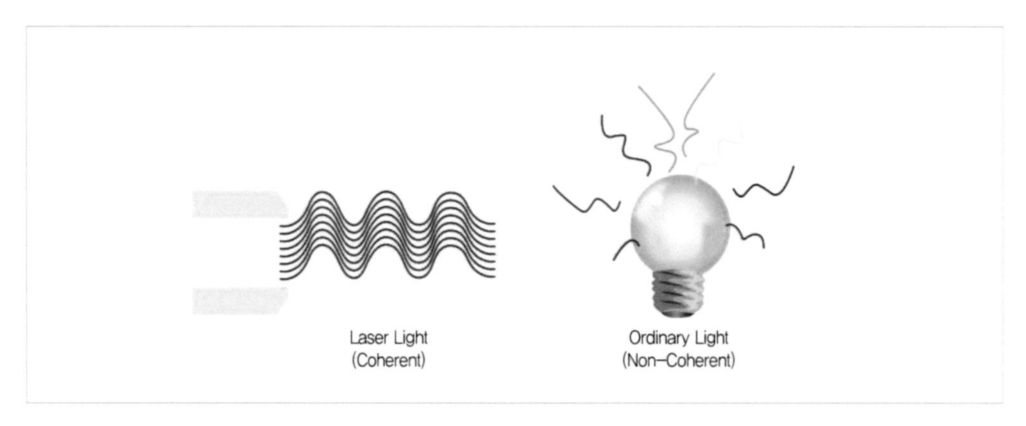


그림 3-6-A-3. 결맞음성

다른 광원과 비교하여 레이저가 지니는 가장 차별화된 광학적 특성은 결맞음성이다. 이 코히런트(coherent)라는 용어는 사전적으로는 복수의 광파가 일정한 위상 관계를 가지고 있어 간섭이 가능한 상태에 있는 일 또는 그런 성질을 의미하며, 광학에서는 흔히 가간섭성이라는 용어를 사용한다. 레이저 빔은 레이저 공진기에서 출력될 때 각각의 광선들의 위상과 진폭이 모두 맞아 있는 광선 즉, 결이 모두 맞아 있는 광선의 다발로 이루어졌기 때문에 레이저 광선은 간섭성이 매우 우수하게 되어 가간섭성이 좋다고 하는 것이다. 가간섭성은 파면 상의 위상이 공간적으로 얼마의 길이만큼 잘 맞아 있는가 하는 공간 가간섭성과 파동의 진행 방향과 같은 방향의 다른 두 지점에서 시간적으로 위상 관계가 어떠한지를 측정하는 시간 가간섭성으로 분류할 수 있다.

태양 등의 자연광은 파장과 위상이 시간적, 공간적으로 제각각이다. 하지만 레이저의 빛은 파장의 위상이 공간적으로나 시간적으로 정확히 똑같아서 서로 결이 맞아 있는 빛이므로 멀리까지 비추어도 아주 조금밖에 분산되지 않는다. 즉, 광자들이 잘 정돈되어 먼 거리를 가는 동안에도 상호 간에 동시성을 유지한다. 레이저는 이처럼 결맞음성과 지향성을 가지고 있어서 멀리 비추어도 강도가 감소하지 않는 것이다. 다만 레이저광이라 할지라도 그 범위는 2~3km 정도이고, 이 이상 길어지면 서서히 그 가간섭성이 상실된다.

## (4) 고강도성(High intensity)

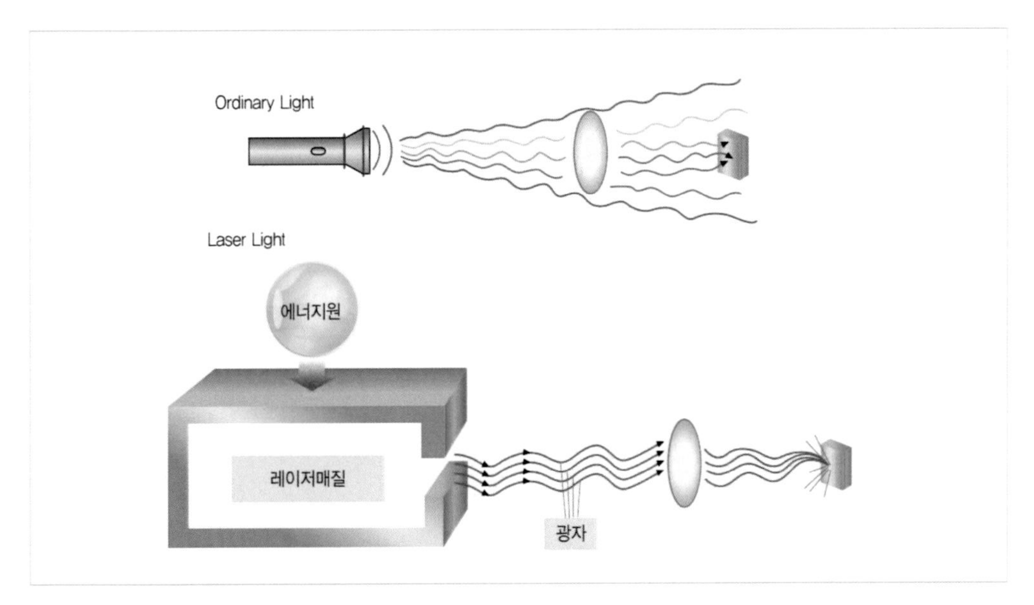


그림 3-6-A-4. 일반 광선과 레이저 광선의 차이

레이저 광선은 레이저 매질 내에서 펌핑에 의한 밀도반전 현상이 충족되었을 때 일시에 방출되는 광자밀도가 높은 광선 다발이므로 에너지가 매우 강하다. 또한, 지향성에 의해 나타나는 특성으로서 매우 높은 고에너지를 한 곳에 집중시킬 수 있으며, 레이저 광선은 매우 밝은 강력한 빛이다. 그러므로 '빛'이라기 보다는 '빛 화살'이라 부르는 것이 더 타당할 정도라고 표현되기도 한다. 우리는 다들 렌즈를 이용하여 태양광선을 한 곳에 집중시켜 종이가 타는 것을 실험해 본 적이 있다. 이러한 특성을 이용하여 철판의 절단이나 가공을 하며, 핵융합실험을 위한 조건형성에도 활용하고 있다.

하지만 레이저의 이와 같은 특성들도 때때로 매질이나 공진기의 크기 또는 구조를

변형시키면 쉽게 달라질 수 있다. 또한, 모든 레이저 광선이 다 평행하거나 강력한 것은 아니다. 예컨대, 기체레이저의 경우에는 대개 평행하지만, 다이오드 레이저의 경우에는 콜리메이션 장치가 없으면 일반적으로 30~90° 정도로 빛이 분산되는데, 이는 주로 반도체 결정에서 빛이 공명거울에서 방출될 때 생기는 회절 때문이다. 이때 콜리메이션 렌즈가 다이오드 앞에 설치되면 레이저빔의 평행성이 증가하여 빛의 분산을 크게 줄일 수 있다. 이렇게 콜리메이션된 광선은 아주 평행하고 비교적 먼 거리에서도 상당히 높은 출력밀도를 얻을 수 있는 것이다.

하지만 레이저빔이 평행하게 방출되더라도 전달장치를 통과하면서 평행성이 소실될 수 있다. 또한, 콜리메이션은 초점거리 밖에서 레이저가 조사되어도 광선이 퍼지지 않게 유지시켜서 조사할 수 있는 정도의 장점이 있을 뿐 레이저 치료에 있어서 큰 의미는 없다. 광선이 콜리메이션이 되었건 안되었건 상관없이 광선이 조직에 닿게 되면 즉시 반구 형태로 분산되어 퍼져나가므로 핸드피스 팁을 직접 조직에 대고 치료를 하는 경우에는 광선의 평행성은 그다지 중요하지 않다.

## 참고문헌

1. 강진성. 성형외과학. Third Edition. Volume 4. 얼굴(3). 군자출판사 2004; 2022-3.
2. 다니코시 긴지. 레이저의 기초와 응용. 일진사 2014: 42-4.
3. 송순달. 레이저의 의료응용. 다성출판사 2001: 48-71.
4. 이치원. 이해하기 쉬운 광학과 레이저 그 원리와 이용. 공주대학교출판부 2011: 215-20.
5. 최지호. 피부과 영역에서의 레이저. 대한피부과학회지 1994; 32 (2): 205-16.

*1. Bogdan Allemann I, Kaufman J. Laser Principles. In: Bogdan Allemann I, Goldberg DJ, Eds. Basics in Dermatological Laser Applications. Curr Probl Dermatol. Basel, Karger 2011; 42: 7-23.
*2. Bourdon R, Belin JP, Dana M. [The laser. Principle. Dermatologic applications]. Bull Soc Fr Dermatol Syphiligr. 1967; 74 (4): 419-21.

*3. Hecht E. Optics. 4th Edition. Pearson Education 2002: 92-3.
*4. Pedrotti FL, Pedrotti LS, Pedrotti LM. Introduction to optics. 3rd Edition. Addison-Wesley 2007: 10-1.
*5. Tunér J, Hode L. Laser Therapy Clinical Practice & Scientific Background. Prima Books 2002: 4-5, 378-9.

## B. 레이저광의 파장

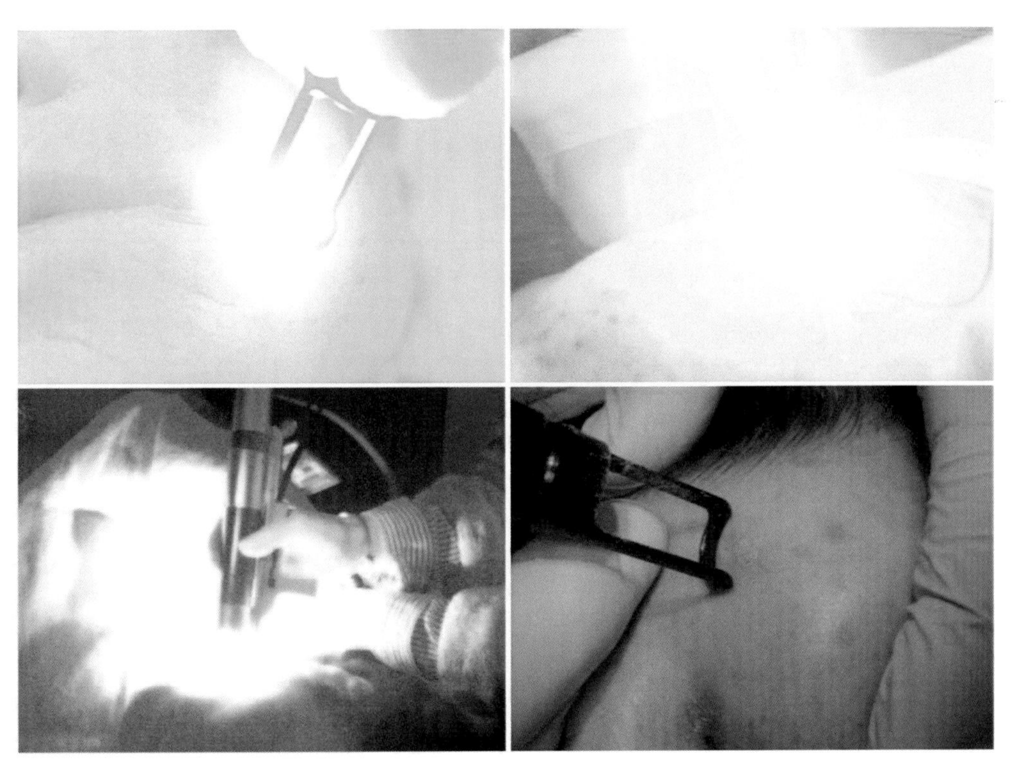

사진 3-6-B-1. 레이저빔의 파장에 따른 색깔의 차이

전자기파 스펙트럼에는 파장이 매우 긴 라디오파로부터 파장이 매우 짧은 감마선에 이르기까지 여러 가지 전자기파가 존재한다. 지상에 도달하는 태양광선도 기본적으로 전자기파이다. 전자기파는 빛의 속도(진공에서 299,792,458m/sec)로 여행하는 광자(photon)로 구성된 에너지의 한 형태로서, 각각의 광자는 파장과 주파수(진동수)를

가지고 있는 파동의 형태로 존재하는 작은 에너지의 꾸러미이다. 광자가 지닌 에너지는 파장에 반비례하여 광자의 파장이 길면 길수록 에너지는 낮아지고 짧으면 짧을수록 에너지가 높아진다.

그런데 높은 에너지의 전하를 띤 입자나 복사에너지가 물질을 통과할 때 물질을 구성하는 원자나 분자로부터 전자를 분리시키는 이온화가 일어난다. 전자처럼 전하를 띤 입자들은 에너지가 높기 때문에 물질을 통과하는 경로를 따라 이온화를 일으키는 것이다. 또한, 전하를 띤 입자는 아니지만, 고에너지의 복사에너지인 감마선이나 엑스선과 같은 광자 펄스는 광전효과나 콤프턴효과 등을 통해 원자나 분자로부터 전자를 방출해 이온화를 일으킬 수 있다. 이렇게 분자나 원자에서 전자를 이탈시킴으로써 양이온과 자유전자를 만들 수 있는 전자기파를 이온화 복사(전리 방사선, ionizing radiation)라고 한다.

복사에너지를 이온화 복사에너지와 비이온화 복사에너지로 나누는 기준은 복사에너지가 물질에 흡수되었을 때 이온화를 유발할 정도로 그 에너지가 높은가, 그렇지 않은가이다. 하지만 실제로 그 경계가 모호한데, 분자나 원자를 이온화시키는 데 필요한 이온화 에너지가 물질을 이루는 분자나 원자에 따라 차이가 있기 때문이다. 일반적으로 이온화 복사에너지를 정의할 때 수소나 산소가 이온화되는 에너지인 14eV를 참고하여 10eV를 기준으로 삼거나, 공기를 투과하면서 이온화시킬 수 있는 33eV 또는 탄소와 탄소 결합을 깰 수 있는 4.9eV를 기준으로 하는데, 이러한 기준에 해당하는 광자의 파장은 각각 124nm, 38nm, 250nm로 대부분 자외선 영역에 해당한다. 그러므로 자외선보다 에너지가 높은 감마선과 엑스선은 논란의 여지없이 이온화 복사에너지로 분류되지만, 자외선은 반응하는 물질에 따라 이온화 또는 비이온화 복사에너지로 작용할 수 있다.

자외선은 10nm에서 400nm의 파장대를 가지는 복사에너지이다. 10~200nm 파장의 자외선은 공기분자에 의해 흡수되어 이온화를 유발하면서 곧 소멸하는 진공 자외선(vacuum ultraviolet ray)으로 분류되며, 100~280nm의 단파장 자외선인 UVC는 대기권의 산소에 흡수되어 오존을 형성하며, 이 오존은 지표에 도달하는 전자기파 복사에서 UVB와 UVC를 필터링하는 중요한 역할을 한다. 하지만 프레온가스로 불리는 CFC(chlorofluorocarbon) 화합물에 의한 오존층 고갈이 크게 우려되고 있다.

290nm보다 짧은 파장의 자외선은 살균력이 있으며, 파장이 짧을수록 입자성이 강해진다.

인체에 영향을 미치는 자외선은 280~315nm(UVB)와 315~400nm(UVA) 파장에 해당하는 복사에너지로 태양광에 포함되어 지상으로 복사된다. 중파장 자외선인 UVB는 오존에 흡수되므로 결과적으로 태양광에 포함된 자외선의 99%는 대기권의 공기와 오존에 흡수되며, 기상 조건에 따라 차이를 보이지만 지상까지 전달되는 자외선의 95%는 장파장의 UVA에 해당된다. UVA의 에너지는 3.1~3.94eV로 이온화 복사에너지의 분류기준보다 낮아 직접적으로 생체 분자의 이온화를 유발하지 못하며, 암 발생에 결정적인 DNA 분자의 직접적인 손상을 일으키지 않는다. UVB는 3.94~4.43eV의 에너지를 가지지만 DNA에 직접적인 손상을 주기보다는 활성산소종과 같은 자유라디칼에 의한 이차적인 손상을 일으킨다. 에너지가 높은 단파장의 UVC는 이온화 복사에너지로 분류되고 생체 분자의 이온화를 일으키며, DNA에 직접적인 손상을 유발하여 돌연변이나 암을 유발할 수 있다.

인류는 항상 태양의 복사에너지에 의지하며 살아왔다. 그중 라디오파, 마이크로파, 적외선, 가시광선과 자외선 일부 만이 대기권에 흡수되지 않고 지표면에 도달한다. 감마선이나 엑스선 그리고 단파장의 자외선과 같은 고에너지 광자의 경우에는 원자를 깨뜨리거나 분자의 화학결합을 무너뜨릴 수 있다. 반면에 라디오파나 마이크로파 그리고 적외선과 가시광선 등과 같은 저에너지 광자들은 이온화를 유발하지 못하며, 들뜬 상태로 만들거나 가열시키는 정도만 가능하다. 적외선과 가시광선 그리고 자외선 등의 광선에 속하는 광자들은 매질과 접촉하면 굴절되거나 투과 또는 흡수되는데, 인체의 조직은 일반적으로 가시광선보다는 800~1,200nm의 적외선을 더 잘 투과시킨다. 조직에 들어간 광자는 자신이 가진 에너지를 모두 매질에 전달하고 소멸하는데, 이때 전달된 에너지는 대부분 열로 변환된다.

따라서 어떤 물체가 고출력의 복사에너지에 부딪히면 높은 열이 발생하므로 높은 출력의 광선을 작은 영역에 집중시키면 복사에너지의 흡수가 대단히 커서 물체를 태우거나 증발시켜 버릴 수 있고 이러한 원리가 의료용 레이저에도 적용되고 있다. 의료용 레이저의 파장은 몇 가지 예외를 제외하고는 대부분 가시광선 영역이거나 적외선 중 짧은 근적외선 영역에 속한다. 예컨대, 가시광선 영역의 파장을 가진 레이저는 아르곤레이저(488nm, 514.5nm), KTP레이저(532nm), 펄스색소레이저(585nm, 595nm, 600nm), 루비레이저(694nm), 구리증기레이저(511nm, 578nm), 크립톤레이저(521nm, 530nm, 568nm), 알렉산드라이트레이저(755nm) 등이고, 적외선 영역의 파장을 가진 레이저로는 다이오드레이저(800nm, 1,450nm), 엔디야그레이저(1,064nm, 1,320nm), 어븀글라스레이저(1,550nm), 어븀야그레이저(2,940nm), $CO_2$ 레이저(10,600nm) 등이 흔히 사용된다.

전자기파 에너지가 가지고 있는 투과력은 각 전자기파의 파장에 따라 매우 달라서, 레이저의 파장이 그 레이저의 특징을 결정한다. 가시광선은 다만 유리를 통과할 수 있지만, 감마선과 엑스선은 파장이 매우 짧으며 입자가 조밀하게 응집되고 높은 에너지를 가지고 있어서 피부뿐만이 아니라 깊은 조직까지 침투하며 이온화를 유발하고, 인체 단백질을 변성시키며 화학반응을 일으키고, 암 발생을 유발할 수 있다. 하지만 의료용 레이저광은 이보다 긴 파장으로 이온화를 일으키지 않으며 인체를 투과하지 못하고 발암성이 없다.

현재 수천 가지 다른 형태의 레이저가 존재하는데, 이들은 다양한 파장의 가시광선과 적외선 또는 자외선의 레이저 광선을 방출한다. 일반적으로 한 종류의 레이저는 독특한 하나의 파장을 가지고 있으며, 경우에 따라 일정한 범위 내에서 파장을 선택할 수 있도록 만들어져 있다. 하지만 파장을 바꿀 수도 있고, 심지어 작동 중에도 파장을 바꿀 수 있는 가변파장 레이저도 개발되어 있다.

## 참고문헌

1. 최지호. 피부과 영역에서의 레이저. 대한피부과학회지 1994; 32 (2): 205-16.
2, 강진성. 성형외과학. Third Edition. Volume 4. 얼굴(3). 군자출판사 2004; 2022.
3. 송순달. 레이저의 의료응용. 다성출판사 2001: 65-7.
4. 이치원. 이해하기 쉬운 광학과 레이저 그 원리와 이용. 공주대학교출판부 2011: 194.

*1. Hecht E. Optics. 4th Edition. Pearson Education 2002: 653-4.
*2. Pedrotti FL, Pedrotti LS, Pedrotti LM. Introduction to optics. 3rd Edition. Addison-Wesley 2007: 190-1.
*3. Tunér J, Hode L. Laser Therapy Clinical Practice & Scientific Background. Prima Books 2002: 4-5, 378-9.
*4. Bogdan Allemann I, Kaufman J. Laser Principles. In: Bogdan Allemann I, Goldberg DJ, Eds. Basics in Dermatological Laser Applications. Curr Probl Dermatol. Basel, Karger 2011; 42: 7-23.

## C. 레이저의 구조

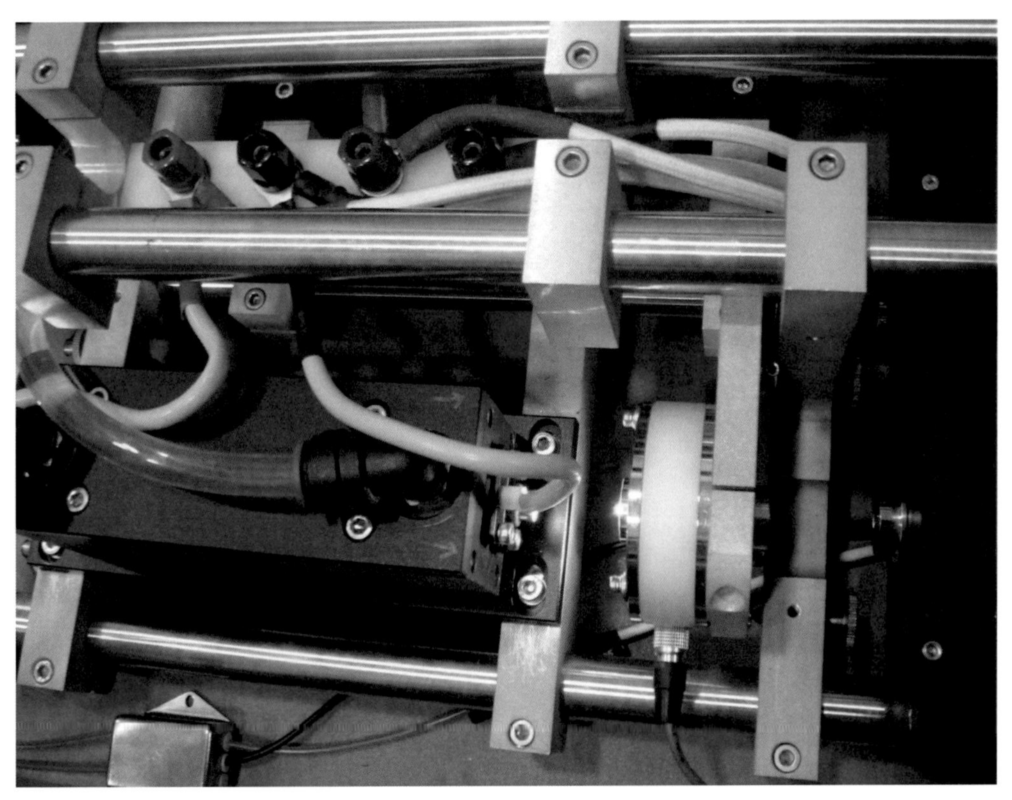

사진 3-6-C-1. 레이저 발생장치의 예(큐스위치 엔디야그레이저)

모든 레이저는 크기와 상관없이 펌프라 불리는 외부 에너지원, 고체나 액체 또는 기체 등의 매질, 두 개의 거울로 구성된 공진기라는 세 가지 핵심요소로 구성되어 있다. 그러므로 의료용으로 사용되는 레이저 장비의 구조를 알기 위해서는 에너지원과 매질 및 공진기와 그 외 냉각장치, 전달장치 등에 대한 이해가 필요하다.

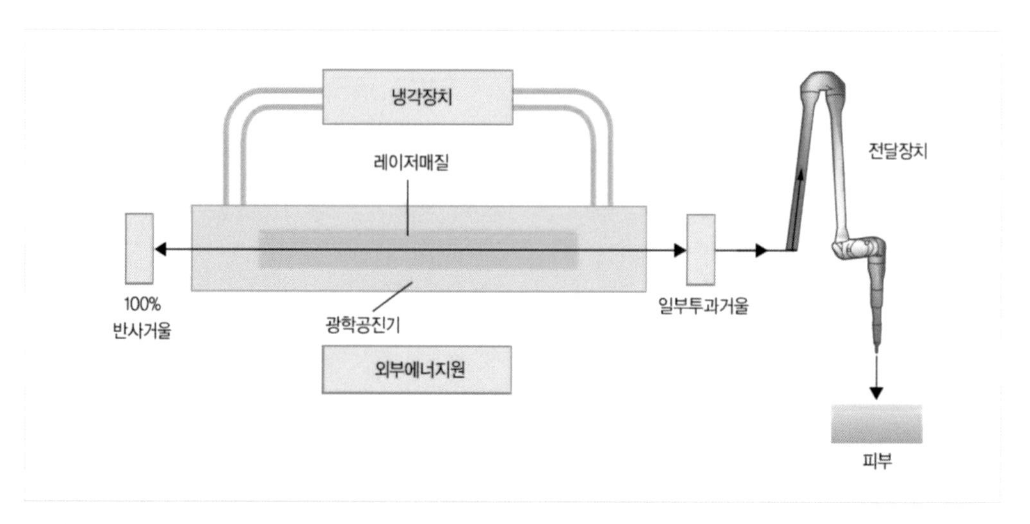


그림 3-6-C-2. 레이저의 구조

## (1) 외부 에너지원

유도방출 과정에 의해 증폭된 빛인 레이저를 방출하려면 높은 에너지 준위에 있는 원자의 수가 낮은 에너지 준위에 있는 원자의 수보다 더 많게 되는 밀도반전(population inversion)이 이루어져야 한다. 일반적으로 열적 평형상태에서는 낮은 에너지 준위에 있는 원자 수가 높은 에너지 준위에 있는 원자 수보다 적을 수 없으므로, 자연상태에서는 낮은 에너지 준위의 원자 수가 높은 에너지 준위의 원자 수보다 항상 많다. 따라서 밀도반전이 일어나서 빛이 증폭되려면 인위적으로 밀도반전의 조건을 만들어 주어야 하며, 이는 레이저 매질에 에너지를 펌핑(pumping)시킴으로써 가능하다. 이처럼 레이저 매질 속에서 밀도반전을 발생시킬 수 있는 외부 에너지원을 펌프 혹은 펌핑시스템이라고 한다.

밀도반전의 상태에서는 에너지를 방출하는 들뜬 원자의 밀도가 안정된 원자의 밀도보다 커지게 되며, 이때 충분한 에너지를 가진 광자가 외부에서 날아와 원자와 충돌하게 되면 충돌한 광자와 동일한 에너지를 가진 광자가 튀어나오게 된다. 이 광자들이 다른 원자들과 연달아 충돌하면서 다시 광자들이 튀어나와 광자의 수가 눈덩이처럼 커지게 되고, 매질의 양끝에 존재하는 공진기 거울에 반사되어 증폭되면서 마침내 광자들의 눈사태가 일어나듯 공진기 밖으로 튀어나오게 된다.

펌핑방식(여기방법)에 있어서, 레이저 매질에 작용하여 그 원자들을 들뜨게 하고 필요한 만큼 밀도반전을 이룰 정도의 에너지 공급이 가능하다면 광학적, 전기적, 화학적 또는 열적 방법이 모두 가능하다. 1960년 Maiman에 의해 개발된 최초의 루비레이저는 루비 막대에 있는 불순물인 크롬 원자를 들뜨게 하기 위해 나선형의 섬광램프(flash lamp)를 이용한 광학적 펌핑을 시도하여 성공한 것이다. 헬륨네온레이저, $CO_2$ 레이저와 같은 기체 레이저의 경우에 가장 흔하게 사용되는 펌핑 방식은 전기적 방전이다. 하지만 고출력 $CO_2$ 레이저는 때로는 전자빔(electron beam)이나 기체동력학적(gas dynamic process) 펌핑을 하기도 한다. 액체 매질의 펄스다이레이저(PDL)나 흔히 사용되는 고체 매질의 레이저들의 경우는 주로 플래시램프나 다른 펌핑용 레이저를 사용한다. 다이오드레이저는 근본적으로 다른 매질을 가지지만, 광출력은 다이오드를 펌핑하기 위한 주입 전류의 변화를 통해 손쉽게 변조될 수 있다.

| 펌핑방식 | 레이저 종류 |
|---|---|
| 전기방전 | 헬륨네온레이저, 아르곤레이저, 질소레이저, 크립톤레이저, 구리증기레이저, 엑시머레이저, $CO_2$ 레이저 |
| 플래시램프 | 엔디야그레이저, 루비레이저, 알렉산드라이트레이저, 어븀야그레이저, Erbium:Fiber, Glass 레이저, 다이레이저 |
| 레이저 | 다이레이저, 엔디야그레이저, Erbium:Fiber, Glass 레이저 |
| 전류 | 반도체레이저(다이오드레이저) |
| 화학반응 | 화학레이저 |
| 전자빔 | 엑시머레이저, $CO_2$ 레이저 |

표 사진 3-6-C-1. 펌핑방식에 따른 레이저의 분류

## (2) 레이저 매질

레이저를 발진시키는 데 필요한 물질을 레이저 매질(laser medium), 능동 매질

(active medium), 이득 매질(gain medium), 레이저 발생 매질(lasing medium) 또는 레이저 물질(laser material) 등으로 부른다. 그리고 통상적으로 레이저의 이름은 사용된 레이저 매질의 구성물에 따라 그 이름을 붙이고 있다. 레이저 작동에 사용되는 기체, 액체, 고체 등과 같은 레이저 매질의 에너지 준위들은 레이저 복사의 파장을 결정하게 되며, 레이저 매질의 폭넓은 선택 덕분에 레이저 파장들은 자외선에서 적외선 영역까지 확장이 가능하다. 레이저 작동은 기체에서만 원소의 절반 이상에서 관찰되었고, 천 개 이상의 전이가 알려져 있다. 하지만 그중에서 소수의 레이저만이 의료용으로 임상에서 사용되고 있다

사진 3-6-C-3. 고체 매질의 예(엔디야그 크리스탈 로드)

이러한 레이저 매질은 공급되는 에너지를 밀도반전이라는 형태로 보존하게 된다. 만약 충분한 에너지를 가진 한 개의 광자가 들뜬 상태의 원자들이 많은 전자기장에 들어가게 되면, 원자를 자극하여 첫 번째 광자와 동일한 에너지를 가진 똑같은 광자를 방출하게 된다. 첫 번째 광자와 두 번째 광자는 다시 레이저 매질 내에 있는 들뜬 상태의 다른 원자를 자극하여 저장된 에너지를 잇달아 방출하게 되며, 이러한 복사의 유도방출로 인해 동일한 광자에너지를 갖는 여러 개의 광자들이 만들어지는 연쇄반응이 폭발적으로 일어나면서 소위 '빛의 눈사태'가 일어나게 된다. 모든 레이저는 매질

의 구조에 따라 각각 하나의 고정된 파장을 가지며, 이는 파장의 범위가 넓은 다른 광원들과의 차이점이다.

## 자연방출과 유도방출

안정된 상태에 있는 분자나 원자들은 대체로 빛을 흡수하거나 방출하지 않지만, 외부에서 에너지를 가하게 되면 그 결과 원자나 분자의 내부 에너지가 증가하므로 자체 평형이 깨어지는 상태가 될 것이다. 따라서 이들은 다시 스스로 안정된 상태로 되돌아가는 과정을 거치게 되고 바로 이때 에너지의 복사가 이루어지는데, 이처럼 에너지를 흡수한 물질들이 안정상태로 돌아가기 위한 복사과정이 바로 자연방출(spontaneous emission) 및 유도방출(stimulated emission)이다.

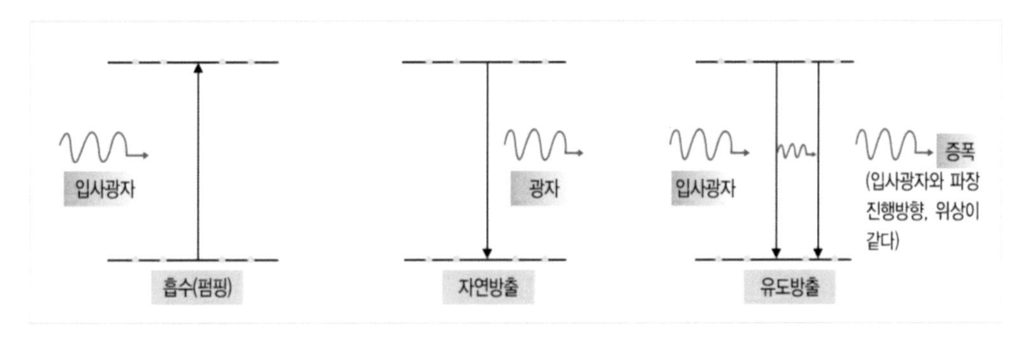


그림 3-6-C-4. 2-준위 원자에서의 흡수와 방출과정

다시 말해 외부의 에너지를 흡수한 원자 내의 전자들은 기저상태에서 이보다 높은 에너지 준위 상태로 여기(또는 흡수)되어 높은 전자 상태가 되는데, 이렇게 전자를 높은 에너지 상태로 올리는 과정을 펌핑이라고 한다. 이렇게 높은 에너지 상태로 올라간 전자들은 확률적으로 불규칙하게 일정한 수명시간을 유지하며 그보다 낮은 상태로 천이(transition)되면서 새로운 광자를 방출하며, 이를 자연방출이라고 한다. 또 다른 복사과정은 들떠있는 전자 상태에 외부에서 다른 광자로 자극을 주어 천이를 유도함으로써 입사 광자와 비례하는 광자들을 방출토록 하는 유도방출이 있다. 유도방출에 의해 발생하는 광자들은 입사 광자와 파장, 진동수, 진행 방향 및 위상이 모두 맞아있고 숫자도 많아지면서 증폭되는데, 이것이 바로 레이저 발진의 기본 원리이다.

## 레이저 준위(laser level)

일단 기저상태에서 상위 준위로 펌프 여기된 원자나 전자들은 그들의 수명시간 혹은 그보다 더 짧은 시간 동안 상위 준위 상태에서 머물고 나서 하위 준위로 천이하게 된다. 그런데 실제로는 레이저 매질 내의 기저상태와 여기상태의 에너지 준위는 이보다 더 많이 존재하며, 따라서 2-준위 상태로는 레이저 동작에 기여하기가 불가능하다. 그러므로 실제적으로 레이저 발진에 기여하는 에너지 준위는 대체로 3-준위 또는 4-준위 시스템으로 동작한다.

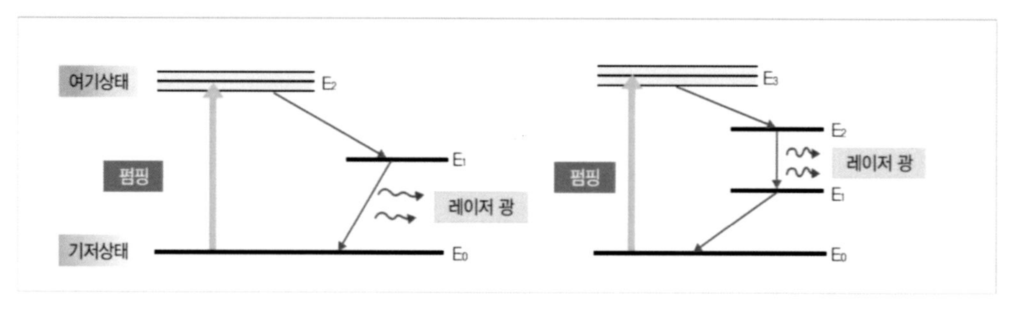


그림 3-6-C-5. 레이저 동작을 위한 3-준위 시스템과 4-준위 시스템

3-준위 시스템에서 E2 → E1 그리고 4-준위 시스템에서 E3 → E2는 매우 빠르게 진행되는 비복사 천이이며, 3준위에서 E1 → E0 천이와 4-준위에서 E2 → E1이 레이저 발진에 기여하는 천이과정이다. 특이 3-준위의 E1 그리고 4-준위의 E2 상태는 준안정상태(metastable state)라 하여 여기된 원자나 분자들의 평균수명이 오래 지속되는 준위로 이때의 원자나 분자들의 수가 하위 준위의 그것보다 많이 존재하는 이른바 밀도반전(population inversion) 상태가 이루어지고, 이들이 거의 동시에 하위 준위로 천이되면서 그 에너지 준위 차에 해당하는 고에너지를 방출하게 된다. 이때 방출되는 레이저빔은 그 파장이나 진동수가 거의 맞아 있으며 동시에 증폭된 강도분포를 갖게 되는 것이다.

레이저 매질의 가장 중요한 필요조건은 레이저 원자들의 에너지 준위 간 밀도반전을 공급할 수 있는 능력이다. 이것은 낮은 에너지 준위보다 높은 에너지 준위가 더 큰 밀도를 지니고 있게 되도록 펌핑(간혹 강력한  펌핑)을 함으로써 실현된다. 하지만 원자 에너지 준위들의 다양한 수명 차이 때문에 강력한 펌핑을 하더라도 적절한 자연방출 수명을 지닌 단지 몇몇의 에너지 짝들만이 밀도반전을 이루어 낼 수 있다.

## 레이저 매질의 분류

### a. 액체 매질

사진 3-6-C-6. 585nm 다이레이저(PDL)의 액체 매질

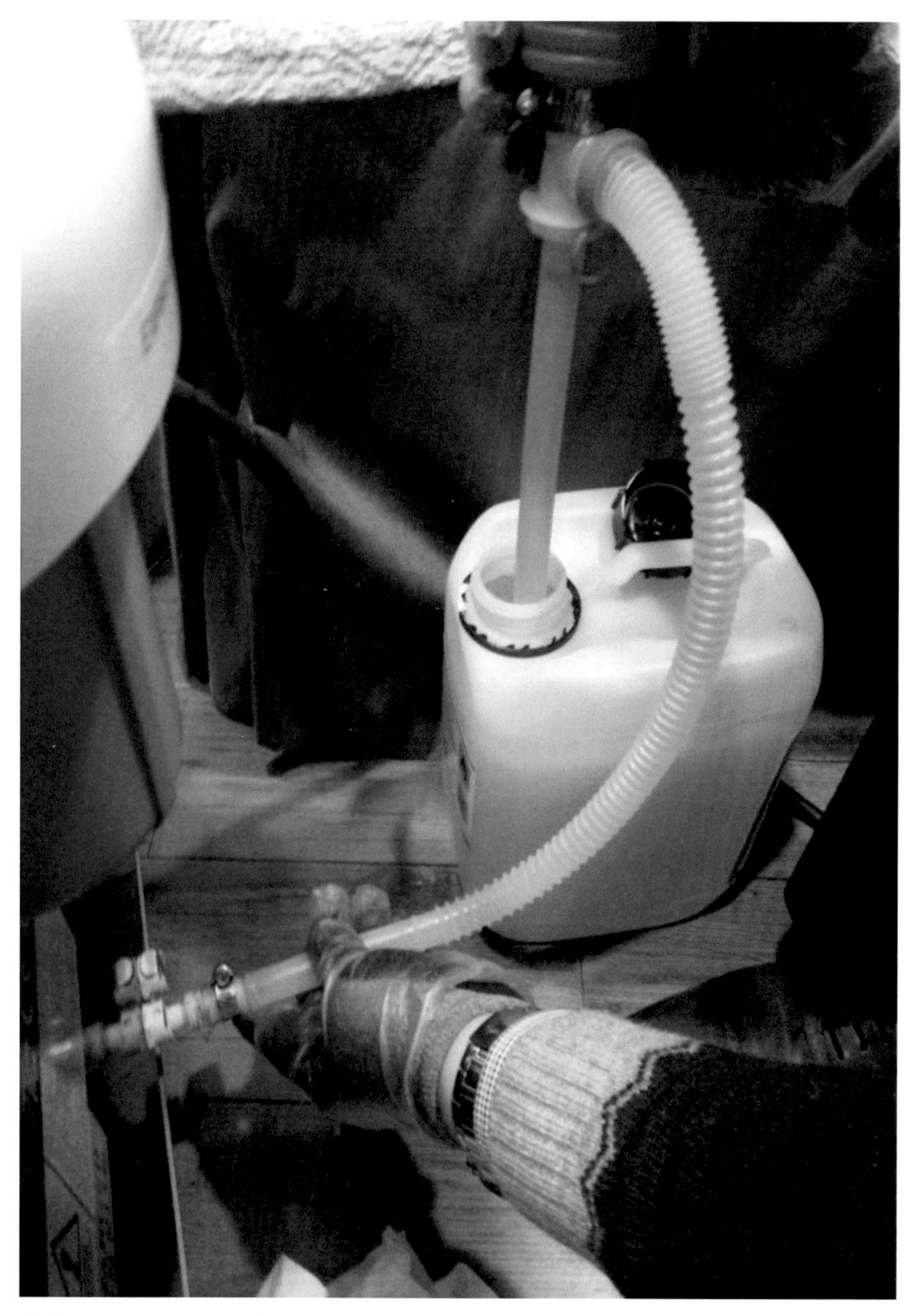

사진 3-6-C-7. PDL 레이저 Dye 용액 교체 광경

다이레이저(PDL)의 매질은 용매에 녹인 유기형광 화합물로 액체이다. 주로 rhodamine, fluorescein, coumarin, stilbene, umbelliferone, tetracene, malachite green 등이 색소로 사용되며 water, glycol, ethanol, methanol, hexane, cyclohexane, cyclodextrin 등이 용매로 사용된다. 이들 색소는 제각기 가시광선대의 여러 파장을 강하게 흡수하여 여러 가지 색깔을 내므로, 색소를 선택하기에 따라 가시광선대에 속하는 다양한 파장의 레이저가 만들어질 수 있다.

이러한 다이레이저는 연속파나 펄스파로 방출되도록 제작할 수 있다. 연속파 다이레이저는 종종 다른 연속파 레이저를 펌프로 이용하기도 하는데, 다이레이저의 출력은 펌프 역할을 담당하는 레이저의 출력에 달려있어서 연속파 레이저를 펌프로 이용하면 출력이 약한 레이저가 나오지만, 고압 크세논아크 섬광램프 같은 박동성 펌프를 사용하면 강한 출력와 짧은 펄스기간의 레이저가 방출되어 발색단에 선택광선열융해를 일으킬 수 있게 된다.

## b. 기체 매질

레이저 매질이 기체인 경우로는 기체 원자 레이저와 기체 분자 레이저 등 다양한 형태가 있다. 헬륨네온, 아르곤, 크립톤 레이저와 같은 기체 원자 레이저는 기체 분자 레이저인 이산화탄소, 불화수소, 질소분자 레이저 등과 더불어 기체 레이저의 주를 이룬다.

원자 레이저란 매질을 구성하는 원자 중 하나의 원자에 상위 및 하위 레이저 준위가 서로 다른 전자 준위로서 존재하는 경우를 말한다. 대표적인 기체 원자 레이저인 헬륨네온레이저에서는 네온 원자들이 레이저 매질이고 헬륨 원자들은 펌핑 과정을 돕는 역할을 한다. 기체 원자 레이저들은 주로 가시광선에서 근적외선 범위의 파장을 갖는 레이저광을 방출하며, 주로 전기방전에 이해 펌핑된다.

기체 분자 레이저에서 분자들은 서로 다른 전자 구조와 관련한 에너지 준위들뿐만 아니라 서로 다른 회전 및 진동 상태들에 상응하는 에너지 준위들을 가진다. 기체 분자 이득매질의 상위 및 하위 준위들은 보통 바닥 전자 상태의 서로 다른 진동-회전

상태들에 해당하며, 보통 이러한 진동-회전 상태들의 에너지 차이는 매우 작아서 방출되는 빛은 중적외선(mid-infrared) 범위이다.

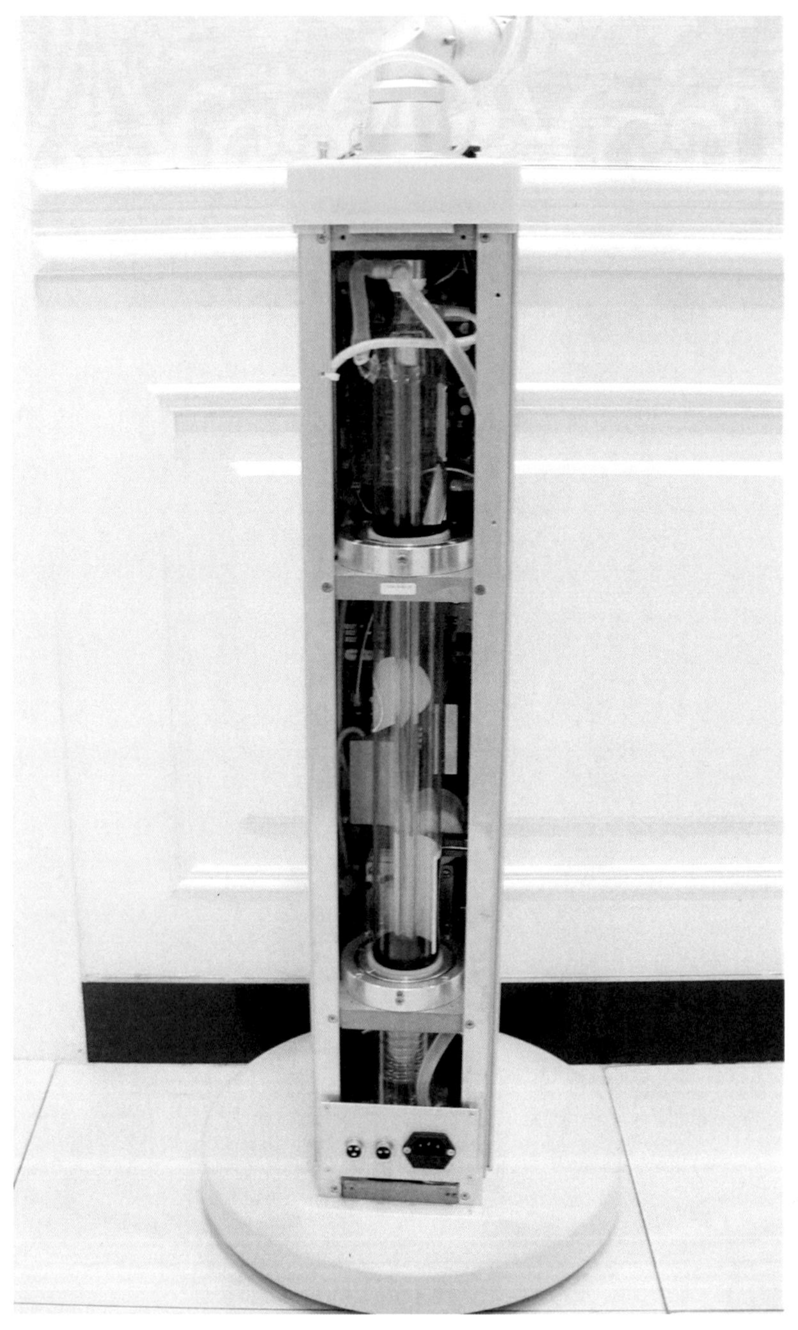

사진 3-6-C-8. 기체 매질이 들어 있는 $CO_2$ 레이저 튜브

대표적인 기체 분자 레이저인 $CO_2$ 레이저의 경우, $CO_2$ 분자와 전자와의 충돌에서 상위 준위에의 비탄성충돌의 단면적이 하위 준위에의 그것에 비해 크므로, 순수 $CO_2$ 만을 매질로 사용하고 방전을 통해 밀도반전을 얻을 수 있어 레이저 발진이 가능하다. 이처럼 $CO_2$ 레이저의 발진은 순수한 $CO_2$ 로 얻을 수 있겠으나 매우 미약하다. 그러므로 $CO_2$ 레이저에서 $N_2$ 와 He 가스를 혼합하여 사용하면 출력이 크게 증가한다. 여기에서 $N_2$ 의 역할은 $CO_2$ 분자를 공명에너지전이(resonance energy transfer)에 의하여 들뜨게 하여 밀도반전을 증가시키는 것이다. He의 역할은 레이저 발진 천이의 하위 준위를 빨리 이완시켜서 역시 밀도반전을 증가시키고 레이저 플라즈마 관벽으로의 열전도를 도와서 효율을 증가시키는 것이다. $CO_2$ 레이저는 가장 유용하고 효율적인 레이저 중의 하나로 주로 전기방전에 의해 펌핑된다.

## c. 고체 매질

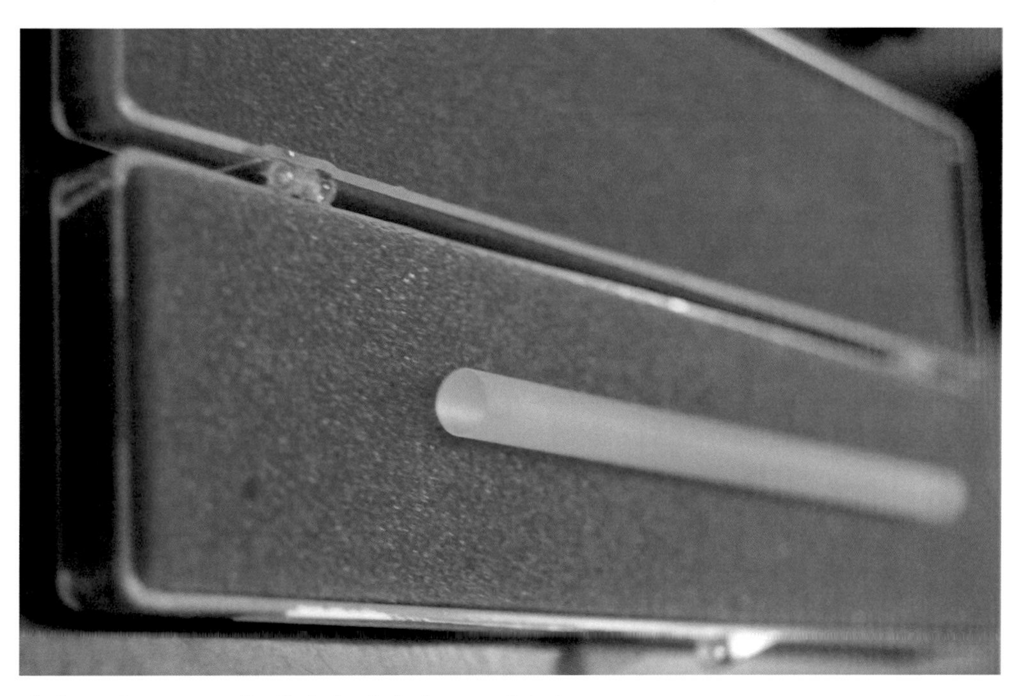

사진 3-6-C-9. 고체 매질인 엔디야그 크리스탈 로드

레이저 매질이 고체인 경우는 에너지 인가가 용이하고 수명이 비교적 길다는 장점이

있으며, 강도가 높은 레이저 발진이 가능하다. 대개 투명한 호스트 물질에 레이저 원자 종이 첨가된 형태의 매질이 사용된다. 고체 매질을 사용하는 가장 대표적인 레이저는 Nd:YAG 레이저로 이트륨-알루미늄-가넷(YAG) 호스트 결정 내의 이트륨(Y) 원자의 자리 중 1% 정도를 네오디뮴(Nd) 원자가 대체한 결정 구조를 가진다. Nd:YAG의 레이저 주 매질은 YAG인 반면, 레이저 원자들은 3가 Nd 이온들이다.

고체 레이저들은 주로 근적외선 파장 대역에서 발진하는데, 엔디야그레이저는 1,064nm의 파장에서 레이저 출력을 갖는다. 엔디야그시스템은 고출력, 우수한 빔 특성, 연속파 출력 그리고 모드잠금이나 큐스위칭이 가능한 장점들을 가지고 있다. 또한, 출력광의 주파수 배가(frequency doubling)에 의해 532nm에서의 결맞는 광을 얻을 수 있다. 고체 레이저는 주로 섬광램프의 펄스나 다른 레이저를 이용하여 광펌핑한다. 특히 반도체레이저의 어레이(array)를 펌핑 광원으로 하는 효율적이고 휴대성이 우수한 엔디야드레이저가 사용 가능하다. 엔디야그레이저 외에도 루비, 알렉산드라이트, 어븀야그 레이저 등이 고체 매질을 이용한다.

## d. 반도체

반도체레이저 또는 다이오드레이저는 원자나 분자 이득 매질들과는 근본적으로 다른 이득 매질을 갖는다. 반도체레이저는 p-n 접합 구조로 한 쌍의 벽개면이 공진기의 되먹임이 가능하도록 하는 반사면 역할을 한다. 반도체레이저의 중요하고도 우수한 특징들은 상대적으로 낮은 가격, 작은 크기, 높은 효율 그리고 많은 응용에 필요한 다양한 파장의 소자들의 제작이 가능하다는 점이다. 또한, 반도체레이저의 광출력은 다이오드를 펌핑하기 위한 주입 전류의 변화를 통해 손쉽게 변조될 수 있다.

효율이 높은 다이오드는 간단한 p-n 접합 소자보다 복잡한 다층구조를 가지며, 반도체레이저를 어레이로 구성하면 비교적 높은 평균 광출력을 갖는 소자가 가능하다. 하지만 작고 비대칭적인 출력 구경으로 인해 발산 각이 크고 비대칭적인 출력 빔을 얻는 결점이 있어, 반도체레이저의 출력 빔은 광섬유에 직접 광 결합을 하거나 짧은 초점거리를 갖는 렌즈를 이용하여 시준(collimation)해야 한다. 또한, 반도체레이저의 출력을 안정적인 단일 모드 출력으로 제한하기 어려우며, 엔디야그나 헬륨네온레이저 등과 같은 레이저시스템과 비교하여 결맞음 길이가 더 짧다는 단점이 있다.

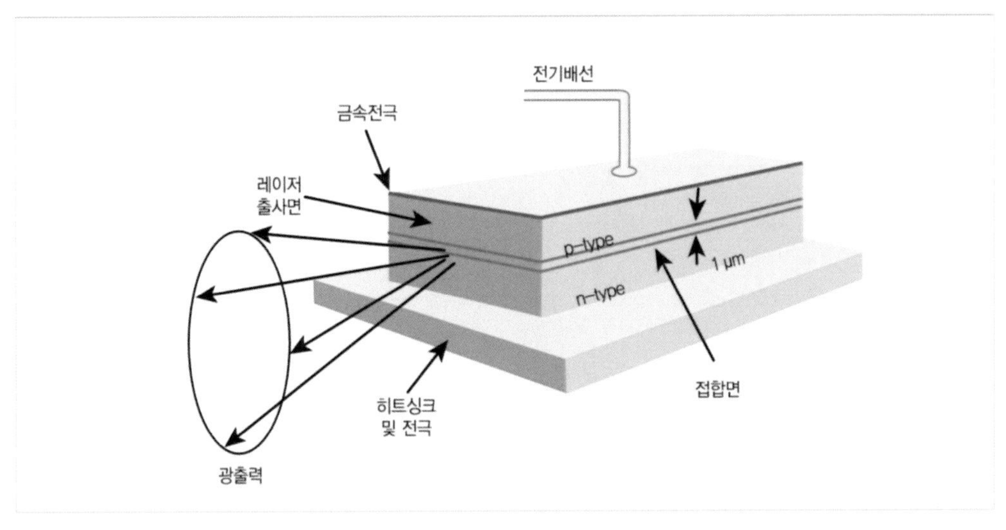


그림 3-6-C-10. 전류 주입으로 펌핑되는 간단한 p-n 접합 구조의 반도체레이저

## (3) 공진기

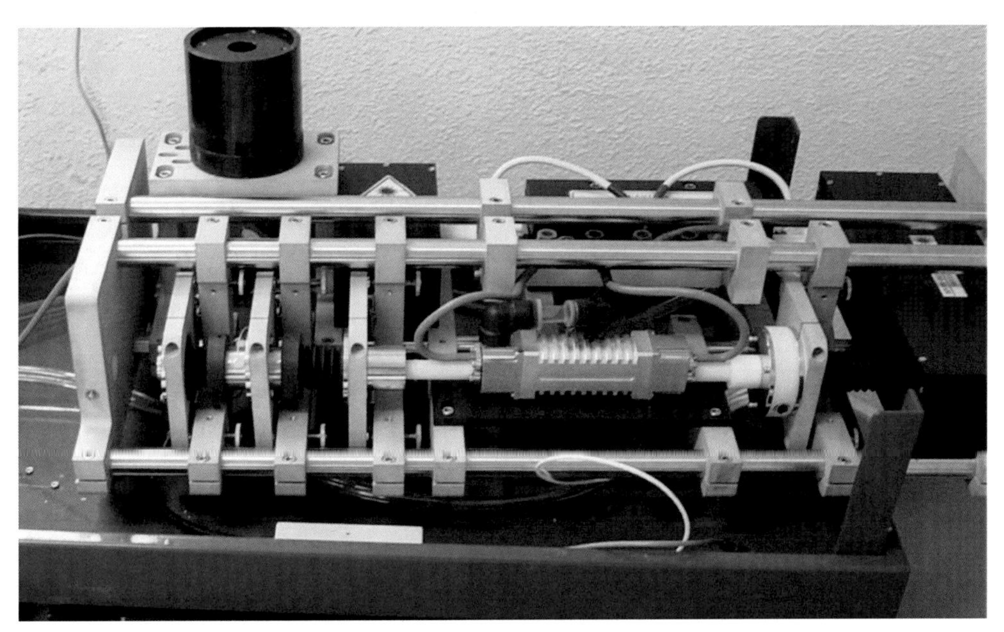

사진 3-6-C-11. 큐스위치 엔디야그레이저 공진기

주어진 펌핑시스템과 밀도반전을 만들 레이저 매질에 이어 세 번째 필수적인 요소는 레이저 매질을 통해 광자가 왔다 갔다 할 수 있도록 전환시키는 광학적 피드백 소자인 공진기(resonator)이다. 가장 기본적인 형태의 공진기 또는 광학적 공동(optical cavity)은 정밀하게 배열된 평면 또는 곡면 형태의 거울의 짝들로 구성되는데, 이것들은 레이저시스템의 광축을 따라 정렬된다. 하나의 거울은 가능한 반사율이 100%에 가깝도록 선택하며, 나머지 거울은 반사율이 100%보다 다소 작아서 일부 투과된 빛이 레이저 출력 빔이 되도록 한다. 즉, 레이저 공진기 내부의 거울 중 하나는 레이저 출력을 발생시키기 위해 부분적 투과가 가능해야 한다.

레이저의 공진기는 두 가지 점에서 중요한데, 하나는 레이저 매질의 증폭을 강화하는 것이고, 다른 하나는 빛을 결맞는(코히런트) 상태로 만든다는 점이다. 거울의 배열을 조정하거나 거울 사이의 간격을 늘림으로써 빛을 평행 광선으로 만들어 아주 작은 한 점에 집중시킬 수 있다.

반사율이 큰 두 개의 거울을 마주 보게 한 형태의 것을 Fabry-Pérot 공진기라 하고, 그 거울이 평면인지 구면인지에 따라 또는 구면의 곡률 반지름과 거울 사이의 거리와의 관계에 따라 평면평행형(plane-parallel), 공중심형(concentric), 공초점형(confocal), 반구형(hemispherical) 또는 반공중심형(hemiconcentric), 오목볼록형(concave-convex) 등으로 분류된다.

회절 손실을 크게 하여 거울의 측면으로부터 출력을 얻는 것을 불안정형 공진기, 거울의 한 부분에 구멍 등 투과율이 좋은 부분을 설치하여 출력을 얻도록 한 것을 결합공형 공진기라고 한다. 세 개 이상의 거울을 써서 광로를 고리 모양으로 한 고리형 공진기, 여러 개의 공진기를 결합한 복합 공진기, 도파관으로 가로 방향의 빛을 가두어 두는 도파관 공진기도 있다. 또한, 진행파형 공진기는 반사면 하나로 빛을 한 방향으로 진행시키기만 함으로써 가간섭성 빛을 얻도록 한 고이득 레이저로, ASE(amplified spontaneous emission)형이라 하며, 파장선택 공진기는 공진기의 한쪽 반사 거울 대신 파장선택용의 광소자, 즉 프리즘이나 회절격자를 사용한 것을 말한다.

결과적으로 공진기는 정상파 주파수 근처의 선폭 좁은 주파수를 공급하게 되므로,

레이저 공진기는 피드백 소자로 작용할 뿐만 아니라 주파수 필터로도 작동하게 된다. 레이저 거울은 대개 구면거울로서, 반복적으로 나타나는 안정적인 전자기장의 패턴(공진기 모드)은 평면거울에 의해 생성되는 평면 정상파보다 훨씬 복잡하다. 거울의 기하학적 모양과 분리 거리는 레이저 공진기 내부의 전자기장의 모드 구조를 결정지으며, 출력되는 레이저 빔의 파면에 나타나는 전기장 패턴의 정확한 분포(빔의 횡방향 복사조도)는 공진기 구조와 거울의 표면상태에 의존한다.

또한, 레이저는 여러 가지 기술을 적용하여 출력을 증가시키거나 모드 변조를 할 수 있는데, 예컨대 공진기 덤핑(cavity dumping), 큐스위칭(Q-switching), 모드 잠금(mode locking) 및 펄스 압축(CPA) 등이 있으며 이를 위해서는 레이저 발진기에 여러 가지 광학소자를 첨가하여 공진기를 구성한다.

## (4) 냉각장치

사진 3-6-C-12. 레이저 냉각장치의 예(롱펄스 엔디야그레이저)

레이저시스템에서 전체효율(overall efficiency)은 작동 특성 중 중요한 항목으로 여겨진다. 레이저시스템의 전체효율은 그 레이저를 펌핑하기 위한 총 일률에 대한 그 레이저의 출력의 비율을 말한다. 흔히 사용되는 여러 가지 레이저의 전형적인 효율은 1% 미만에서 25% 정도의 범위에 걸쳐있으나, 많은 고출력 레이저시스템들이 1% 미만의 효율을 가지고 있다. 레이저 출력에 기여하지 못하는 펌핑 에너지들은 피할 수 없이 열에너지로 전환되는데, 만약 이 열을 제거하지 않으면 레이저시스템의 부품들은 손상을 받거나 품질이 떨어지게 된다. 이처럼 레이저 장비는 고열이 발생하기 때문에 냉각장치가 필요하다. 수냉식과 공냉식이 있는데, 대개 고출력 레이저 장비는 수냉식이고, 저출력 레이저 장비는 공냉식이다.

고체 매질을 사용하는 레이저는 일반적으로 냉각 재킷으로 이득 매질(종종 광학적 펌프)을 둘러싸서 냉각시킨다. 물 또는 냉각 기름이 이러한 냉각 재킷을 통해 흐르면서 레이저의 열을 빼앗아 가게 한다. 기체나 액체 매질의 레이저는 동일한 방식으로 냉각하거나, 공진기 내에서 매질 자체를 흘려 다시 한번 펌핑되기 전에 냉각시키기도 하는데, 이러한 냉각 방식은 $CO_2$ 레이저나 다이레이저에서 사용된다. 헬륨네온레이저와 같은 저출력 레이저들은 외부 냉각 시스템을 필요로 하지 않으나, 고출력 레이저에서 냉각 시스템은 가장 핵심적인 부분에 해당한다.

## (5) 전달장치

외부 에너지원의 펌핑에 의해 매질에서 밀도반전이 이루어지고 유도방출에 의해 공진기에서 증폭된 빛이 목표 부위에 전달되기까지 특수한 전달장치가 필요하다. 증폭된 레이저빔을 전달하기 위한 전달장치로는 두 가지 형태가 있는데, 한 가지는 여러 개의 반사경을 이용하여 레이저빔을 전달하는 접힘팔(관절) 방식의 전달장치(articulated arm)이고, 다른 하나는 가늘고 유연한 광섬유(optical fiber)를 이용한 전달장치이다.

광섬유는 주로 실리카나 특수 유리 또는 플라스틱으로 만들어진 빛을 전달하는 섬유와 같은 가는 선을 말한다. 광섬유의 중심에 있는 굴절률이 큰 코어(core)를 굴절률이 작은 클래딩(cladding)이 감싸고 있으며, 전체를 합성수지로 피복하여 보호하고 있다. 광섬유 코어의 한쪽 끝에 입사한 빛은 광섬유가 휘어져 있어도 내부 전반사를 통하여 빛을 한쪽에서 다른 쪽으로 전달시킨다. 이처럼 빛의 진로를 마음대로 유도할 수 있기 때문에 의료용으로는 내시경이나 레이저 전달장치 등에 이용되고 있다.

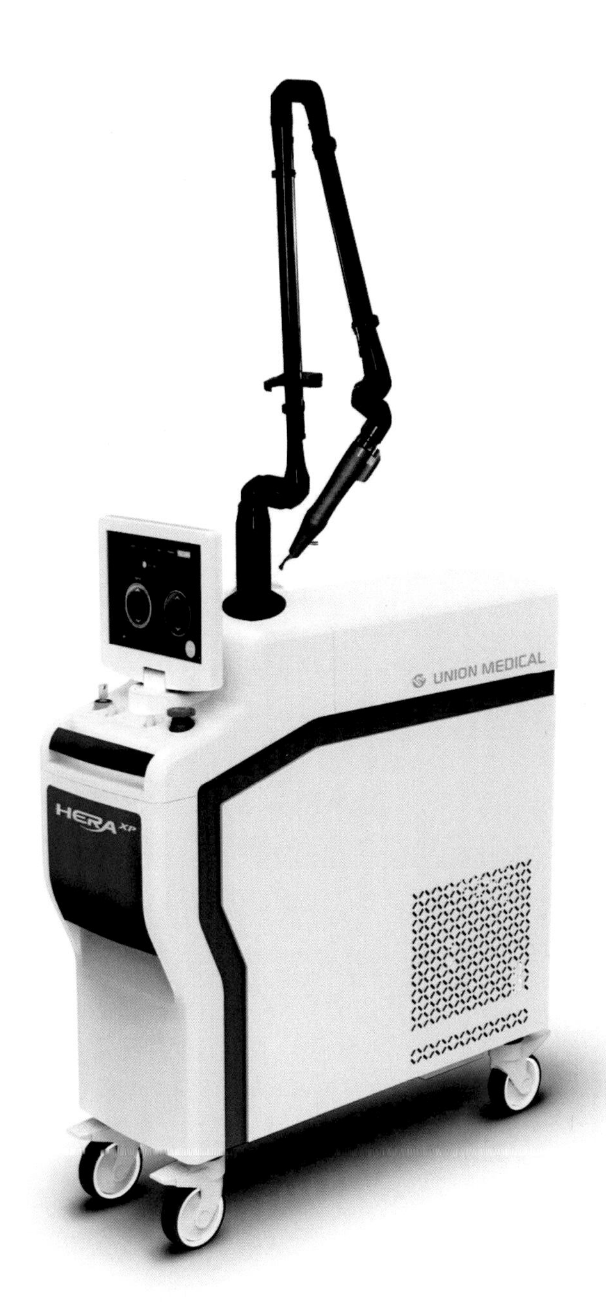


사진 3-6-C-13. 접힘팔(articulated arm) 방식 전달장치

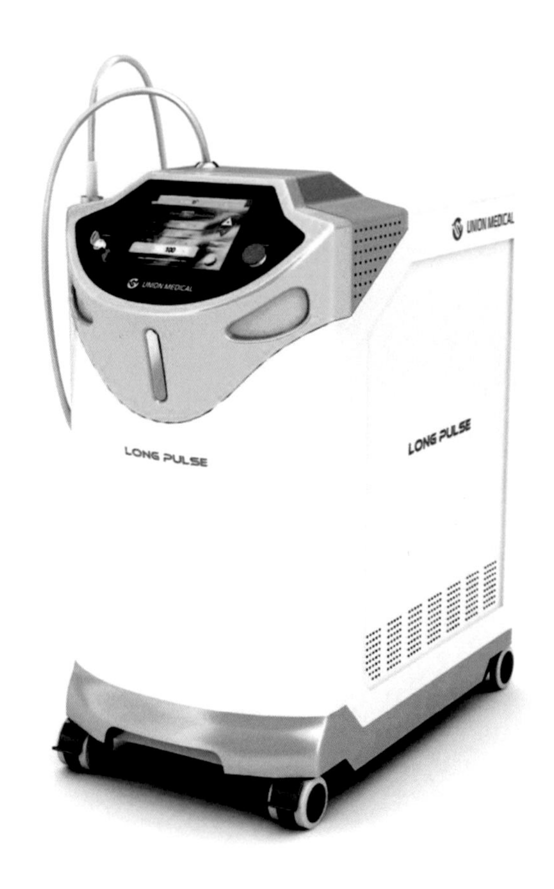


사진 3-6-C-14. 유연한 광섬유(optical fiber) 전달장치

광섬유는 유연성과 가동성이 좋아서 사용이 편리한 장점이 있다. 하지만 레이저 빛이 광섬유를 통과하면서 일부 흡수되어 출력의 저하를 가져오며, 휘어진 광섬유를 통과하면서 내부에서 굴절을 거듭하여 평행성을 어느 정도 잃고 분산하게 되는데, 이러한 레이저 빛의 분산은 광섬유 끝에 초점 렌즈를 부착함으로써 레이저빔의 직경을 조절할 수 있다. 아르곤레이저, 다이레이저, 롱펄스 엔디야그레이저, 롱펄스 알렉산드라이트레이저 등은 이러한 광섬유를 이용한 전달장치를 사용한다.

$CO_2$ 레이저의 경우 광섬유에 흡수가 많이 되므로 레이저광을 전달하는 데는 관절방식의 딱딱한 전달장치를 아직도 많이 이용한다. 관절 방식의 전달 관은 흡수와 분산이 적은 장점이 있지만, 유연성이 좋지 않아 사용에 불편이 크다. 관절 방식의 전달장치 내에 들어 있는 거울들도 $CO_2$ 레이저 빛을 흡수하므로 zinc selenide(ZnSe) 등으로 코팅되어 있다. 그 외에도 어븀야그레이저, 큐스위치 루비, 큐스위치 알렉산드라이트, 큐스위치 엔디야그레이저 등에는 이러한 관절암 방식의 전달장치가 사용되고 있다.

한편으로는 비록 관절 방식 전달장치의 $CO_2$ 레이저가 1970년대 의료용으로 처음 도입된 이후 여전히 계속 사용되고 있지만, 기존 광섬유의 문제점을 해결한 중공 도파관(hollow waveguide) 전달장치를 가진 $CO_2$ 레이저가 개발되고 나서 많은 발전이 이루어지고 있다. 현재 사용되고 있는 이러한 광섬유 전달장치의 $CO_2$ 레이저는 관절 방식의 전달장치보다 가볍고 가늘며 유연하고 시술 시 움직임의 제한이 없으며 인체공학적이고 핸드피스의 초점 팁을 조직 가까이 접근시킬 수 있어 섬세한 시술이 가능하며 지시 빔이 필요 없다는 장점이 있다.

## 참고문헌

1. 강진성. 성형외과학. Third Edition. Volume 4. 얼굴(3). 군자출판사 2004: 2024-7.
2. 김덕원. 의료용 Laser. 한국광학회지 1990; 1 (1): 107-13.
3. 월간 전자기술 편집위원회. Electronics plus 전자용어사전. 성안당 2011: 725-6.
4. 이치원. 이해하기 쉬운 광학과 레이저 그 원리와 이용. 공주대학교출판부 2011: 206-14.
5. 정종영. 임상적 피부관리. 도서출판 엠디월드 2010: 800-3.
6. 최지호. 피부과 영역에서의 레이저. 대한피부과학회지 1994; 32 (2): 205-16.

*1. Abel T, Hirsch J, Harrington JA. Hollow glass waveguides for broadband infrared transmission. Opt Lett 1994; 19: 1034-6.

*2. Bogdan Allemann I, Kaufman J. Laser Principles. In: Bogdan Allemann I, Goldberg DJ, Eds. Basics in Dermatological Laser Applications. Curr Probl Dermatol. Basel, Karger 2011; 42: 7-23.
*3. Cossmann PH, Romano V, Spörri S, Altermatt HJ, Croitoru N, Frenz M, Weber HP. Plastic hollow waveguides: properties and possibilities as a flexible radiation delivery system for CO2-laser radiation. Lasers Surg Med 1995; 16 (1): 66-75.
*4. Croitoru N, Dror J, Gannot I. Characterization of hollow fibers for the transmission of infrared radiation. Appl Opt 1990; 29: 1805-9.
*5. Hecht E. Optics. 4th Edition. Pearson Education 2002: 664-75.
*6. Hongo A, Morosawa K, Shiota T, Matsuura Y, Miyagi M. Transmission Characteristics of Germanium Thin Film-Coated Metallic Hollow Waveguides for High-Powered CO2 Laser Light. IEEE J. Quantum Elect 1990; 26 (9): 1510-5.
*7. Pedrotti FL, Pedrotti LS, Pedrotti LM. Introduction to optics. 3rd Edition. Addison-Wesley 2007: 157-82, 666-70.
*8. Tunér J, Hode L. Laser Therapy Clinical Practice & Scientific Background. Prima Books 2002: 8-12.

## D. 레이저의 동작 형태

레이저의 출력은 공진기 내에서 빛이 발진하면서 얻어지는데, 레이저의 발진 동작은 크게 연속파 발진 동작(continuous wave operation)과 펄스 발진 동작(pulsed operation)으로 나눌 수 있으며 각각을 연속파 레이저와 펄스 레이저로 부른다. 연속파 레이저는 일정한 출력을 연속적으로 발진하며, 펄스 레이저는 펄스 형태의 출력을 일정한 반복 주파수로 발진한다. 펄스를 만들기 위해서는 연속파 발진에 의한 직접 광변조, 펄스 펌핑(pulsed pumping), Q 스위칭 또는 모드동기(mode-locking) 방식을 사용할 수 있다.

### (1) 연속파(Continuous wave, CW)

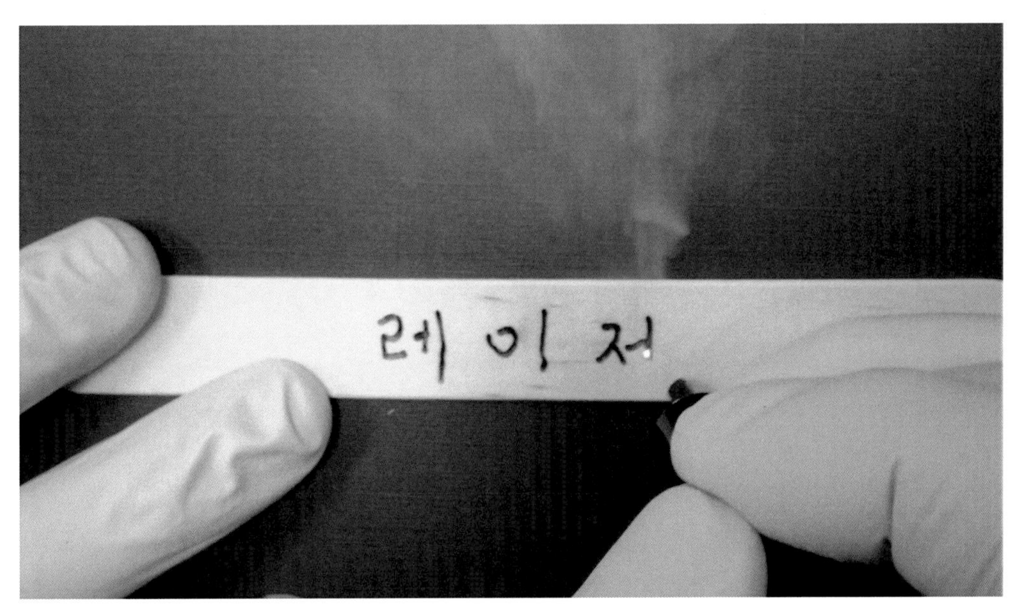


사진 3-6-D-1. 연속파 $CO_2$ 레이저

연속파(CW) 레이저는 시간적으로 일정한 출력으로 계속 발진할 수 있는 레이저를 말하며, 대출력이 필요한 경우는 기체레이저가 쓰인다. 1960년 최초의 연속파 레이저인 헬륨네온레이저가 개발되었고, 이후에 발명된 $CO_2$ 레이저도 연속파 기체레이저로서 초기 연구가들은 파장 10,600nm의 이 레이저가 물에 특별히 잘 흡수되어 주로 대부분 물로 구성되어 있는 인체조직을 미미한 혈액손실만으로도 메스처럼 절개할 수 있음을 발견하였다.

하지만 초기에 종양 치료에 주로 사용된 연속파 $CO_2$ 레이저는 한순간의 단절도 없이 레이저 에너지가 계속 방출되므로 조사 부위 조직에 축적된 열기가 주위의 정상 조직에도 전도되어 심한 화상과 흉터를 야기하는 문제를 발생시켰으므로 이러한 레이저를 치료목적으로 사용하는 데 상당한 어려움이 있었다.

이처럼 연속파 레이저는 출력에 거의 변동 없이 지속적으로 레이저빔이 방출되므로 표적조직에 대한 효과 외에 필연적으로 주위 조직에 열에너지가 지속적으로 전달되어 불필요한 열 손상을 가져온다. 불필요한 조직 손상을 줄이기 위해 목표로 하는 조직만 선택적으로 파괴하고 주변 조직에는 열 손상이 적게 일어나도록 레이저빔이 짧은 시간 조사되고 쉬는 시간을 갖는 것이 반복되는 펄스 레이저의 개발은 필연적인 것이다.

연속파는 최대출력을 높힐 수 없고 부수적으로 주변 조직의 열 손상을 가져올 수 있지만, 레이저빔을 표적 조직에 지극히 짧은 시간만 강력하게 조사하고 주위 열 손상이 오지 않도록 휴식시간을 주는 형태의 이러한 방식은 목표로 하는 조직만을 파괴하고 그 주위 조직에는 열 손상을 최소화하여 흉터가 생기지 않도록 하므로 효과적인 레이저 치료가 가능해진다.

## (2) 펄스(pulsed)

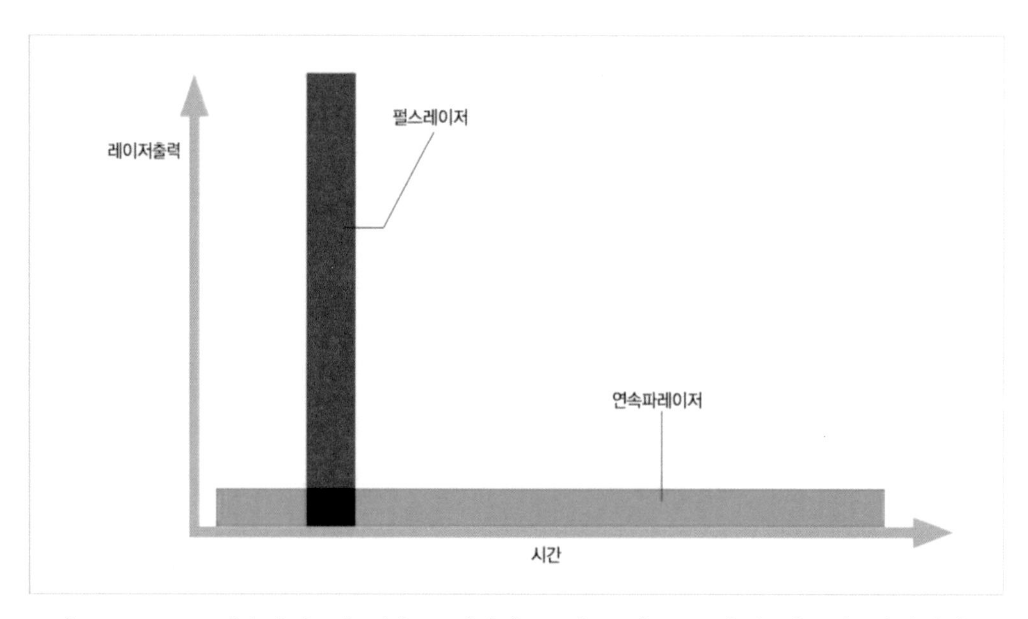


그림 3-6-D-2. 연속파와 펄스(펄스 레이저는 매우 짧은 순간에 연속파 레이저와 동량의 에너지를 방출함)

펄스 레이저(pulsed laser)는 연속파 레이저에 대비되는 말로, 연속파 레이저로 분류되지 않으면서 펄스 형태로 반복 출력하는 모든 레이저를 말한다. 펄스를 얻기 위해서는 펌핑을 펄스 형태로 인가하거나, 연속파를 셔터로 개폐하는 방법, 그리고 Q 스위칭 또는 모드동기 방식을 사용할 수 있다. 엑시머레이저나 구리증기레이저와 같은 일부 레이저는 연속파 발진이 아예 불가능하다. 펄스 레이저의 명칭에는 대개 펄스, 숏펄스, 롱펄스, 큐스위치 등과 같은 수식어가 따라붙게 된다.

펄스 $CO_2$ 레이저는 연속파 레이저를 일정한 시간적인 간격을 두고 전자식 셔터로 개폐하여, 매우 짧은 시간 동안만 방출하기를 반복되게 하여 표적 조직만 공격하고 주위 조직 손상은 매우 적게 일어나도록 개발한 것이다. 펄스와 펄스 사이, 즉 레이저가 방출되지 않는 동안에 광학공진기에 레이저 에너지가 충분히 축적되게 했다가 다음 펄스 때 높은 출력밀도로 방출하도록 한 것이다. 이렇게 함으로써 단순히 연속파를 토막 내어 일정한 출력을 내는 차단 레이저(chopped laser)보다도 더 강력하고 훨씬 짧은 기간의 레이저빔이 반복 방출되는데, 펄스 레이저는 이러한 매우 짧은 시간 동안에 연속파 레이저와 동량의 에너지를 방출한다. 펄스 레이저를 조사하면 펄스와 펄스 사이에 조직이 식게 되므로 주위 조직으로의 열전도가 연속파 레이저보다는 적게 되지만, $CO_2$ 레이저의 경우 그래도 역시 기대에 미치지는 못한다.

수퍼펄스(superpulse) 레이저는 선택광선열용해(selective photothermolysis)의 목적을 달성하기 위해 개발된 특별한 $CO_2$ 레이저로서, 펄스 레이저보다도 훨씬 더 짧은 기간에 더 높은 에너지의 레이저빔을 방출할 수 있다. 즉, 강력한 최고출력(peak energy)을 사용하여 조직의 기화는 최대화하고, 펄스기간을 지극히 짧게 하여 열 손상은 최소화하는 것이다. 수퍼펄스 $CO_2$ 레이저는 전통적인 연속파 $CO_2$ 레이저보다는 최고출력이 2~10배 더 세다. 그렇지만 대부분의 수퍼펄스 $CO_2$ 레이저의 하나하나 펄스는 순간적으로 표적조직을 기화 또는 절개해버리기에 충분한 에너지밀도를 방출할 수 없으므로, 펄스와 펄스 사이에 조직의 열기가 식을 시간적 여유가 없을 만큼 빠른 속도로 펄스를 반복해서 방출해야 한다. 그러므로 수퍼펄스 $CO_2$ 레이저를 이용하면 펄스 $CO_2$ 레이저를 이용한 것보다는 주위 조직에 열 손상을 덜 가져다주기는 하지만, 임상적으로 양자 간에 큰 차이가 없어 조심스러운 시술이 이루어져야 한다.

울트라펄스(ultrapulse) $CO_2$ 레이저는 수퍼펄스 $CO_2$ 레이저보다 더욱 진보된 개념으로 개발되었는데, 단일 펄스가 피부의 열이완시간(695~950$\mu$sec)보다 짧은 기간(314 $\mu$sec) 동안에 표적조직을 깨끗이 기화시키기에 필요한 것보다 더 높은 에너지밀도인 수퍼펄스 레이저의 5~7배를 방출한다. 그러므로 표적조직의 열기가 미처 주위 조직에 전도되지 않고, 펄스 시 조사 부위에 남아있을 수 있는 미량의 열기마저도 식어버리기에 충분한 시간적 여유를 주므로 주위 조직에 대한 열 손상이 최소화되어 좋은 효과를 보인다. 흉터 없이 레이저 박피를 효과적으로 수행할 수 있는 조건이 되며, 최근 병의원에서 사용되고 있는 대부분의 $CO_2$ 레이저는 울트라펄스 형태의 $CO_2$ 레이저이다.

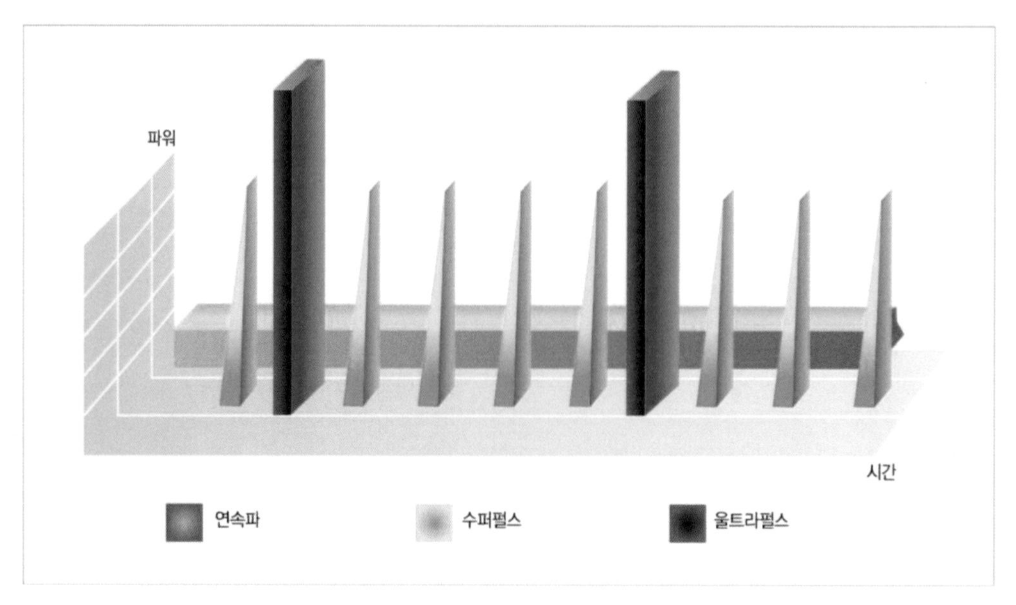


그림 3-6-D-3. 연속파, 수퍼펄스, 울트라펄스의 비교

### (3) 큐스위칭(Q-switching)

레이저로부터 펄스 에너지 출력을 만들어 내는 가장 간단한 방법은 펌핑을 펄스 형태로 인가하는 것이다. 다시 말해서 외부 에너지원을 켰다 껐다 하는 것이다. 이러한 펄스 펌핑(pulsed pump) 또는 이득스위칭 시스템(gain-switched system)을 이용하면 유용한 펄스들을 만들 수 있으나, 일반적으로 이러한 시스템에서는 복잡한 에너지의 교환으로 펄스의 특성을 제어하기 어려워진다. 그러므로 레이저광 펄스의 특성을 제어하기 위해 사용되는 두 가지 중요한 방법으로 큐스위칭(Q-switching)과 모드동기(mode-locking)가 있다.

Q스위치 엔디야그레이저, Q스위치 루비레이저 또는 Q스위치 알렉산드라이트레이저에 붙어다니는 'Q'의 의미는 무엇인가? 이것은 물리학과 전자공학에서 사용되는 용어인 품질 인자(quality factor) Q에서 유래되었다. Q는 공진기나 발진기에 저장된 에

너지(stored energy)와 에너지 손실(energy loss)과의 비율을 말한다. 즉, Q가 높다는 것은 발진기에 저장된 에너지에 대한 에너지 손실의 비율이 적다는 것을 의미한다. 예컨대, 질 좋은 베어링에 매달린 진자가 공기 중에서 진동할 때는 높은 Q를 가지지만, 기름 속에서 진동할 때는 낮은 Q인 것이다.

$$Q = 2\pi \times \frac{\text{Peak Energy Stored}}{\text{Energy dissipated per cycle}}$$

$$Q = \omega \times \frac{\text{Energy Stored}}{\text{Power Loss}}$$

사진 3-6-D-4~5. quality factor(Q)

Q스위칭은 레이저 공진기의 품질 인자 Q를 발진의 문턱치 이하에서 갑자기 문턱치 이상으로 증가시켜 피크 출력이 큰 펄스형의 레이저광을 얻는 방법을 말한다. 공진기에서의 손실률의 척도로서 품질 인자 Q를 도입하면, 손실률이 더 높은 공진기는 더 낮은 Q를 가진다. Q스위칭은 레이저의 출력을 펄스로 만들기 위하여 공진기의 손실률에 주기적으로 변화를 주는 기술이다. 낮은 Q를 갖는 공진기에서의 높은 손실률은 이득 매질에 큰 에너지가 저장될 수 있게 해주며, 다시 공진기가 낮은 손실, 높은 Q 상태로 스위칭되면 빛 에너지로 빠르게 방출된다. Q스위칭 방법에는 음향광학스위치, 전기광학스위치, 포화흡수체, 회전반사체(회전프리즘 또는 회전거울), 기계적 chopper를 이용한 방법들이 있다.

초기에는 매질이 펌핑되어도 Q스위치가 빛이 매질로 다시 피드백되는 것을 막기 위해 낮은 Q로 광학공진기에서 작동하도록 되어 있어, 공진기로부터 어떠한 피드백도 없으므로 아직 레이저가 작동하지 못한다. 유도방출률은 매질에 들어가는 빛의 양에 의해 결정되므로, 매질이 펌핑됨에 따라서 증폭 매질 내에 축적된 에너지의 양은 증가한다. 자연방출과 그 밖의 다른 과정에서의 손실들 때문에 어떤 한 순간이 지나면 매질 내에 축적된 에너지가 거의 최대 수치에 도달하게 되고, 이를 증폭이 포화되었다고 말한다. 이 시점에서 Q스위치 장치가 낮은 Q 상태에서 높은 Q 상태로 빠르게 전환되면 피드백이 시작되고, 유도방출에 의한 광학적 증폭 과정이 시작된다. 매질 내에는 많은 양의 에너지가 이미 축적되어 있기 때문에 레이저 공진기 내에서 빛의 강도는 매우 빠르게 증가되며, 또한 이로 인해서 매질 내에 축적된 에너지의 대부분이 빠르게 소실될 수 있게 된다. 이러한 결과들의 총합이 거대펄스(giant pulse)라고 불리는, 극히 짧은 시간(ns) 동안에 매우 높은 출력을 순간적으로 방출하는 Q스위치 레이저빔을 발진시킨다.

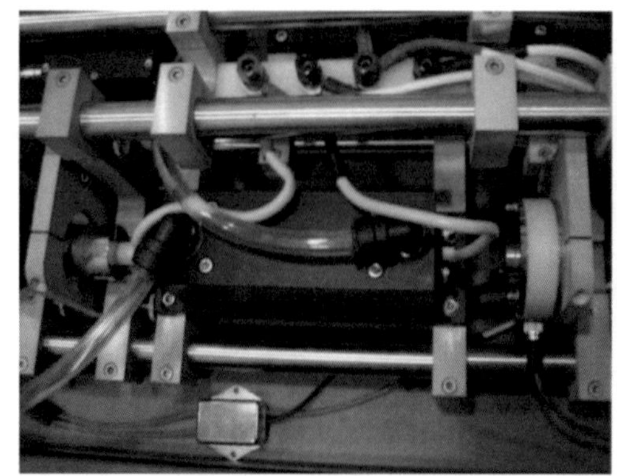

사진 3-6-D-6~7. 큐스위치 엔디야그레이저에서 실제 Q스위치의 사용

## (4) 모드동기(mode-locking)

모드동기(모드잠금, mode-locked)라는 용어는 레이저 공진기 내의 종모드(longitudinal mode)들 간의 위상동기(phase-locked)를 묘사하는 것으로, 각 모드들 간의 위상이 일치하지 않는 다중 모드에 의한 발진 레이저에서 인접한 모드 간의 주파수 차가 모두 같게 하기 위하여, 빔의 위상을 상대적으로 일정하게 결합하여 출력 광을 깨끗하고 날카로운 펄스 형태로 발진시키는 방법이다. 이와 같은 모드동기 방식을 사용하면 모드들 간의 결합에 의해서 시간 영역에서는 매우 짧은 펄스 광을 발생시킬 수 있고, 주파수 영역에서는 매우 넓은 스펙트럼을 형성할 수 있다.

일반적으로 레이저 공진기는 두 개의 거울과 이득 매질로 구성되어 있는데, 레이저 발생 초기 단계에서는 자발방출 광자뿐만 아니라 유도방출 광자들도 사방으로 방출되지만, 공진기 축 방향으로 진행하는 것을 제외하면 모두 소멸해 버린다. 공진기 축 상에 있는 광자들은 이득 매질을 가로질러 왕복을 거듭하며 차츰 증폭된다.

레이저의 모드에는 횡모드와 종모드가 있는데, 변조가 없는 레이저의 경우에는 발진 가능한 모드들이 임의의 위상을 가지므로 이들의 간섭을 포함하는 레이저의 출력은 시간적으로 불규칙한 변동을 나타낸다. 그러므로 모드들 간의 위상이 같고 각 모드들 간의 간격이 일정하다면 레이저는 일정한 시간 간격으로 출력될 수 있으며, 이러한 경우를 모드동기 또는 위상동기라고 부른다.

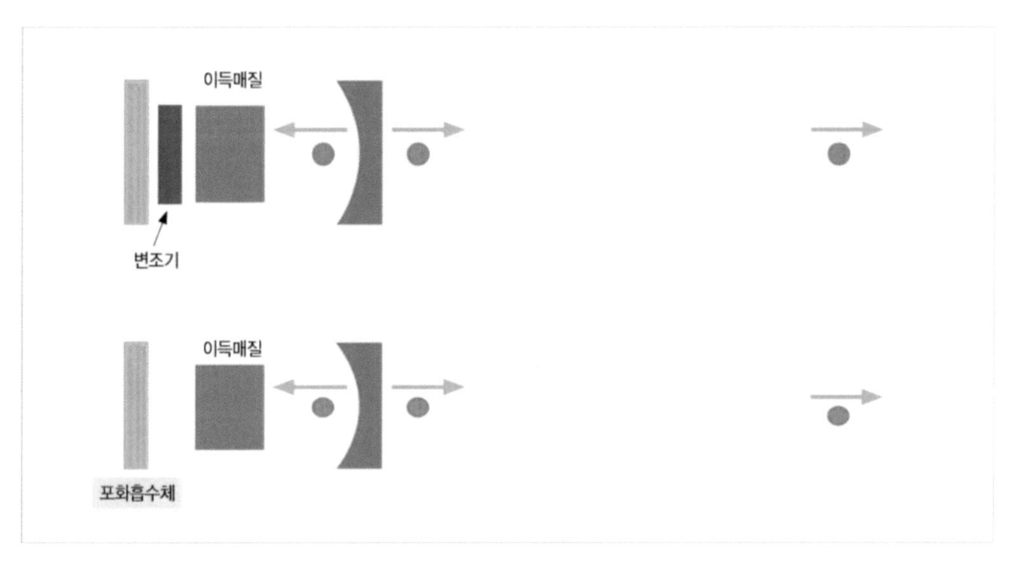


그림 3-6-D-8. 능동형과 수동형 모드동기

모드동기는 각 모드들 간의 위상을 같게 하거나 위상차를 일정하게 하는 방법으로 시간 폭이 극히 짧은 레이저 펄스(fs~ps)를 얻고자 할 때 가장 일반적으로 사용되는 방법이다. 펄스 폭이 펨토초(femtosecond)로 출력되는 레이저를 일반적으로 펨토초 모드동기된 레이저라고 부른다. 모드동기를 이루기 위한 방법으로는 공진기 내에 포화흡수체를 이용하는 수동형 방법과 음향광학소자 또는 전기광학소자와 같은 광변조기(optical modulator)를 이용하는 능동형 방법이 있는데, 수동형 모드동기 방식이 능동형 모드동기 방식에서 보다 더 짧은 펄스를 얻을 수 있기 때문에 현재는 수동형 모드동기 레이저가 많이 이용되고 있다. 수동형 모드동기 레이저로는 Kerr-lens 모드동기 Ti:sapphire 레이저가 일반적이다. 모드동기에 의해 펄스 발진 중 가장 짧은 펄스 폭을 얻을 수 있으나, 일반적으로 펄스 에너지는 큐스위칭에 의해 발생하는 출력보다는 작다.

## 참고문헌

1. 강진성. 성형외과학. Third Edition. Volume 4. 얼굴(3). 군자출판사 2004; 2039-44.
2국립국어원. 표준국어대사전. 2020.
3. 김억봉. 펨토초 모드동기된 레이저 광주파수 빗을 이용한 광주파수의 절대 측정. 충남대학교 박사학위논문 2007: 4-7.
4. 송순달. 레이저의 의료응용. 다성출판사 2001: 109-11.
5. 월간 전자기술 편집위원회. Electronics plus 전자용어사전. 성안당 2011: 219.
6. 이치원. 이해하기 쉬운 광학과 레이저 그 원리와 이용. 공주대학교출판부 2011: 212.
7. 이헌주. 회전반사체를 이용한 탄산가스레이저의 Q-스위칭. 제주대학교 논문집 1988; 26: 135-9.
8. 임용식, 노영철, 이기주, 김대식, 장준성, 이재형. 40 펨토초 미만 펄스폭의 고출력 파장가변 티타늄사파이어 레이저. 한국광학회지 1999; 10 (5): 430-8.
9. 추한태, 안범수, 김규욱, 이태동, 윤병운. Z-형태의 대칭형 레이저 공진기 구조를 갖는 연속 발진 및 Kerr-렌즈 모드-록킹되는 티타늄 사파이어 레이저의 설계와 동작 특성. 한국광학회지 2002; 13 (4): 347-55.
10. 최지호. 피부과 영역에서의 레이저. 대한피부과학회지 1994; 32 (2): 205-16.
11. 홍경한, 차용호, 강영일, 남창희. Kerr렌즈 모드록킹된 티타늄 사파이어 레이저에서 10 fs 이하 펄스의 발생. 한국광학회지 2000; 11 (1): 43-6.

*1. Hargrove LE, Fork RL, Pollack MA. Locking of He-Ne laser modes induced by synchronous intracavity modulation. Appl Phys Lett 1964; 5: 4.

*2. Lamb Jr WE. Theory of an optical laser. Phys Rev 1964; 134 (6A): A1429.
*3. Pedrotti FL, Pedrotti LS, Pedrotti LM. Introduction to optics. 3rd Edition. Addison-Wesley 2007: 661-6.
*4. Sun Z, Hasan T, Torrisi F, Popa D, Privitera G, Wang F, Bonaccorso F, Basko DM, Ferrari AC. Graphene Mode-Locked Ultrafast Laser. ACS Nano 2010; 4: 803.
*5. Zhang H, Tang DY, Zhao LM, Bao QL, Loh KP. Large energy mode locking of an erbium-doped fiber laser with atomic layer graphene. Optics Express 2009; 17: 17630-5.

## E. 레이저 모드

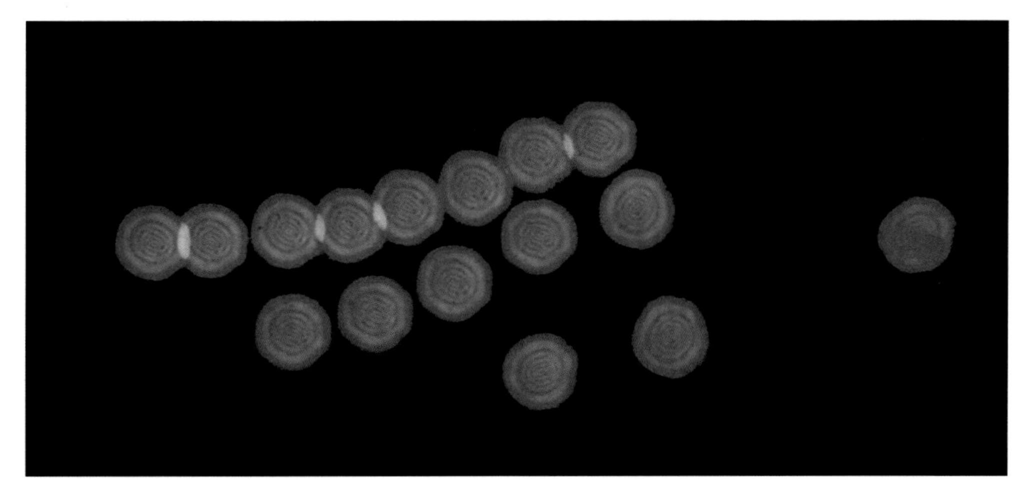

사진 3-6-E-1. 레이저 번 페이퍼에 조사된 레이저 빔

레이저 모드는 공진기 내 전자기파의 진동 상태를 말한다. 광학적 피드백 소자인 공진기 내에 갇힌 빛은 양쪽의 거울 사이를 여러 번 왕복하게 되면서 서로 간섭을 하게 되어 결국은 주어진 공진기에서 특정한 모양과 주파수의 빛만이 계속 존재할 수 있게 되고, 다른 모양과 주파수의 빛은 상쇄간섭을 통하여 사라지게 된다. 이렇게 왕복운동을 하면서 계속 재생산될 수 있는 빛의 방사 패턴은 공진기 내에서 안전하게 존재

하게 된다.

이처럼 두 장의 거울로 구성된 공진기에서 전자기파는 특정한 고유 모드를 형성하여 두 가지의 모드, 즉 종모드(longitudinal mode)와 횡모드(transverse mode)를 갖는다. 종모드는 공진기 축과 평행한 진동이며, 진동 방향과 진행 방향이 같다. 횡모드는 공진기 축과 직교하는 진동이며, 진동 방향과 진행 방향이 수직이다. 종모드와 횡모드에 의해 레이저의 결맞음과 레이저빔의 퍼짐이 결정되므로 이러한 성질들은 레이저를 활용하는 데 있어서 매우 중요하다.

## (1) 종모드

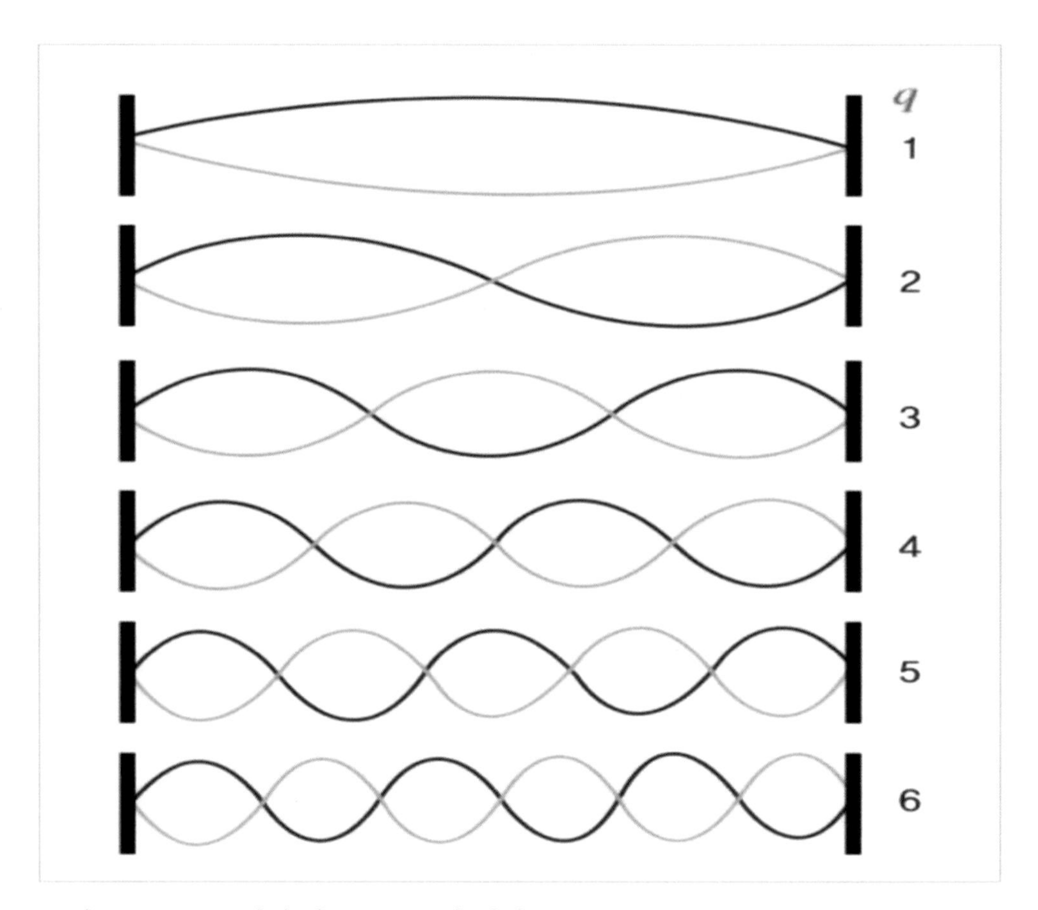


그림 3-6-E-2. q값에 따른 종모드의 형태

레이저가 공진기 내에서 만들어 낸 광파는 공진기 양쪽 거울에 반사되면서 자신과 똑같은 광파를 만들어 동일한 위상으로 겹쳐져 그 세기가 더 커지게 된다. 종모드는 공진기의 축(z축)을 따라 형성되는 특정한 정상파(standing wave)의 모양으로, 공진기 양쪽 거울에 의한 수많은 왕복운동의 결과로 형성된 보강간섭을 일으키는 파장에 해당한다. 패브리-페로 공진기 내부에서 진행하는 광파는 거울 사이의 거리(L)에 의해 결정되는 정상파가 되는데, 거울 사이의 거리가 반파장의 정수(q)배가 될 때 공진기가 공명하여 정상파가 내부에 존재하게 되며, 이는 L이 $\lambda/2$의 정수배가 되어야만 가능하다.

$$L = q\ \lambda/2$$

여기서 q는 모드수(mode order)로 불리는 정수이며, 실제 공진기의 길이는 수 cm에서 수 m에 이르고 발진 파장은 $\mu$m 내외로 매우 짧기 때문에 q값은 매우 큰 값이 된다. 이러한 식을 만족하는 각각의 q값과 그에 해당하는 파장을 갖는 고유진동을 공진기의 종모드라고 한다.

따라서 무한히 많은 수의 진동하는 종모드가 존재할 수 있는데, 각 모드는 독특한 주파수를 가진다. 이웃하는 모드는 일정한 차만큼 떨어져 있고, 이 모드 간격은 자유 스펙트럼 영역(free spectral range)으로, 왕복 시간의 역수이다. 공진기의 공진 모드는 보통의 자발적인 원자 천이의 대역폭보다 훨씬 좁은 주파수 범위를 가진다. 즉, 공진기가 주어진 좁은 밴드만을 필요하다면 심지어 단 1개의 밴드만을 선택하여 증폭하며, 이러한 이유로 레이저는 극도의 단색성을 가지는 것이다. 공진기 내에 단일 모드만 생성시키는 하나의 방법은 모드 간격이 천이 대역폭보다 커지게 하는 것인데, 그러면 단 1개의 모드만이 천이 진동수 영역 안에 들게 된다.

## (2) 횡모드

공진기의 축(z축)을 따라 형성되는 정상파에는 종모드 외에 횡모드가 있다. 전기장 및 자기장이 공진기 축에 모두 거의 수직이므로 TEM 모드(transverse electromagnetic mode)라 부르고 있다. 이처럼 직사각형 대칭성(rectangular symmetry)을 가지고 있는 직교좌표계에서의 횡모드 패턴은 $TEM_{mn}$과 같이 표기한다. 첨자 $m$과 $n$은 방출빔을 가로지르는 각각 x와 y 방향의 가로마디선의 수이다. 말하자면 빔의 단면이 1개 또는 그 이상의 영역으로 나누어진다는 것이다. 원래 각 모드를 완전히 지정하기 위해 $TEM_{mnq}$로 표시하는데, 여기서 $q$는 종모드 수로서 각 횡모드($m,n$)에서 많은 종모드(즉 $q$값)가 있을 수 있으나, 종종 하나의 특정한 종모드를 취급하는 것은 불필요하므로 아래 첨자 $q$를 일반적으로 생략한다.

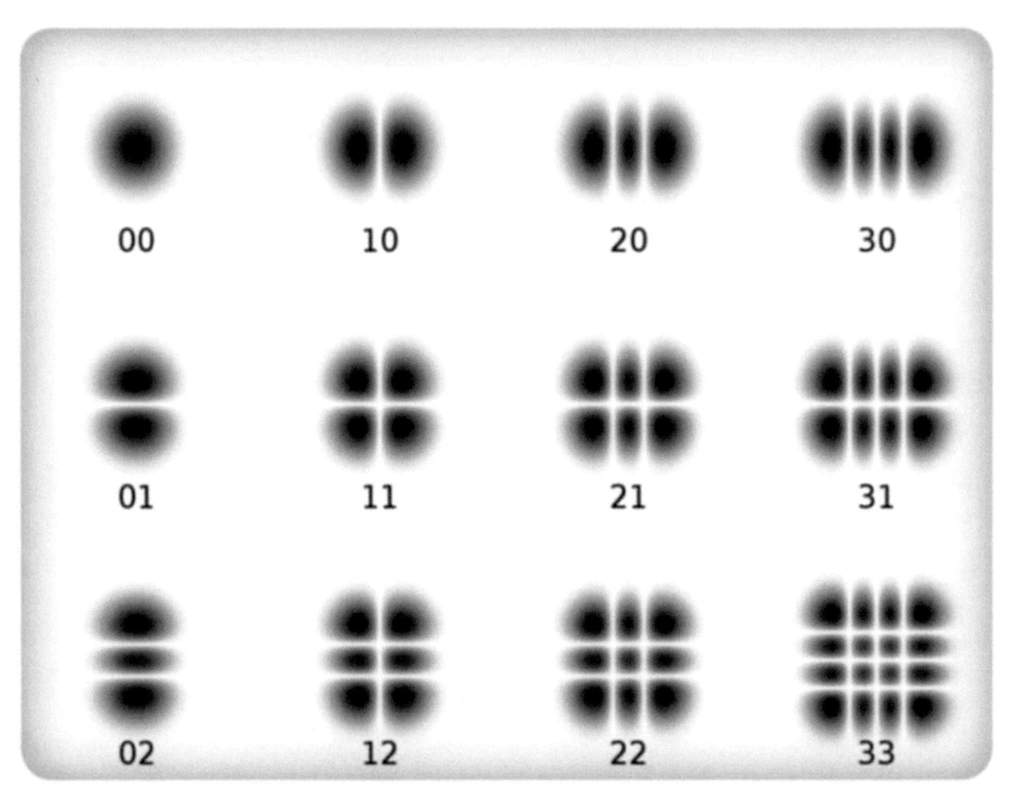


사진 3-6-E-3. 직사각형 대칭성를 갖는 공진기의 횡모드 패턴($TEM_{mn}$)

한편, 공진기가 원통형 대칭성(cylindrical symmetry)을 갖는 경우의 횡모드 패턴은 가우스 빔 형태와 라게르 다항식의 결합에 의해 묘사되며 $TEM_{pl}$로 표기한다. 여기서 $p$는 방사(radial) 모드수이고 $l$은 각(angular) 모드수에 해당한다. 가장 단순한 기본 모드를 $TEM_{00}$모드라고 하는데, $TEM_{00}$모드의 가장 중요한 물리적인 의미는 빔 세기의 분포가 가우스함수 모양이라는 점이다. 또한, 다른 모드와는 달리 횡방향으로 위상변화가 없는 단일 위상 모드이므로 공간적으로 완전한 가간섭성을 가진다. 빔의 각퍼짐이 최소이고 매우 작은 점으로 초점을 맺을 수 있으므로 가장 많이 사용된다.

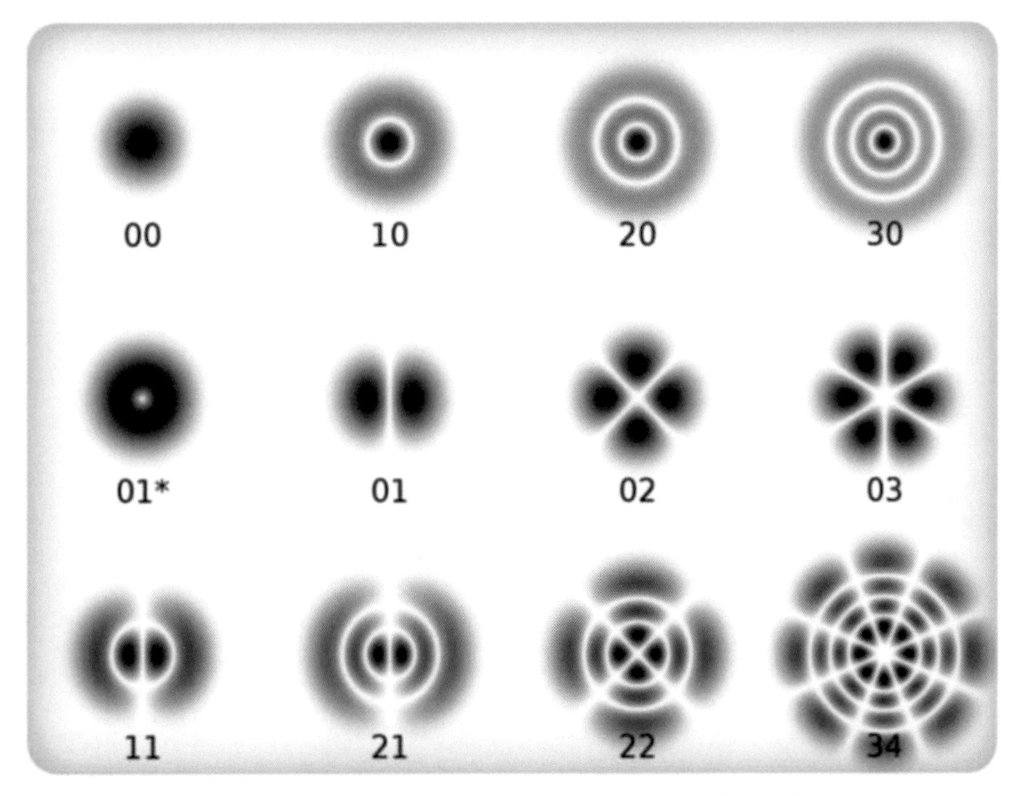


사진 3-6-E-4. 원통형 대칭성을 갖는 공진기의 횡모드 패턴($TEM_{pl}$)

$TEM_{00}$모드는 최소 스폿사이즈와 최고 에너지를 가진 레이저빔으로, 초점거리에서는 물론이고 초점거리 밖에서도 모드를 그대로 유지할 수 있는 유일한 레이저빔의 양상이다. 그러므로 절개용으로 이용하기에 가장 이상적이며, 주위 조직에 가장 열 손상을 적게 준다는 장점이 있다. 하지만 이 모드의 진폭은 파면에 걸쳐 일정치 않으므로 비균질파라는 점에 유의하여야 한다.

고차로 되는 것은 각각 $TEM_{10}$, $TEM_{20}$, $TEM_{30}$, $TEM_{11}$, $TEM_{21}$ 등과 같이 부르며, 이를 다횡모드(multitransverse mode) 또는 고차(higher order) 횡모드라고 한다. 전기장의 형태가 단순한 가우스 분포에서 벗어나 핫스폿(hot-spots)들의 규칙적인 패턴을 갖는 횡방향 복사조도분포를 갖는다. $TEM_{0i}$* 모드는 소위 '도넛모드'로 불리며, 이는 두 개의 $TEM_{0i}$ 모드(i=1,2,3)가 서로 360°/4i로 회전하여 중첩된 특수한 경우이다. 모드의 전반적인 크기는 가우스빔의 반경에 의해 결정되며, 빔 전송에 의해 조절할 수 있지만, 전송 도중에도 일반적인 형태가 유지된다.

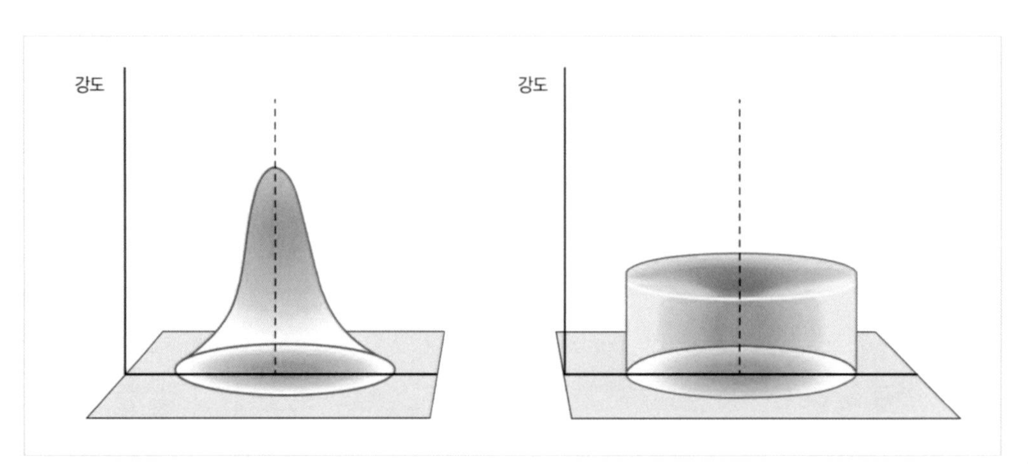


그림 3-6-E-5. 레이저빔의 에너지분포(측면): 가우스모드($TEM_{00}$)와 도넛모드($TEM_{01}$*)

횡모드가 복잡하게 나타나는 레이저 빔은 시간적으로나 공간적으로 가간섭성 정도도 낮게 나타나게 된다. 많은 경우에 레이저 빔의 출력은 기본모드와 몇 개의 고차모드들의 조합으로 구성된다. 기본모드는 다른 높은 차수의 횡모드에 비해 가장 작은 지름에 가장 작은 발산을 가지므로, 공진기 내에 조리개를 장치해서 높은 차수는 제거하고 기본모드만 내보낼 수 있다.

의료용 레이저에 있어서 레이저빔의 에너지 분포양상은 레이저를 정확히 초점에 맞추는 데 매우 중요한 의미를 가지고 있는데, 레이저 발생장치를 설계하기에 따라 하나의 단독 스폿 전반에 분포해 있는 레이저 에너지의 상태는 달라질 수 있다. 또한, 레이저의 사용 목적에 따라 레이저빔의 에너지 분포의 양상이 달라질 필요가 있는데, 예컨대 절개를 위한 레이저빔이라면 중심부의 에너지가 가장 강력하고 가장자리로 갈수록 에너지가 감소하는 양상을 보이면 효과적일 것이며, 넓은 면적을 기화시키거나 색소반발 없는 색소 병변 치료를 위한 레이저빔이라면 레이저빔의 에너지가 스폿 전반에 구석구석까지 골고루 균일하게 분포되면 좋을 것이다.

## 참고문헌

1. 강진성. 성형외과학. Third Edition. Volume 4. 얼굴(3). 군자출판사 2004; 2038-9.
2. 범희승, 이종일. 바이오 의 광학. 전남대학교출판부 2007: 110-5.
3. 서효정. 다이오드 종여기 연속 및 펄스 Nd:YAG 고체레이저의 $TEM_{00}$ 모드 발진 특성 연구. 공주대학교 학위논문 2010: 23-28.
4. 송순달. 레이저의 의료응용. 다성풀판사 2001; 111-7.

*1. Hecht E. Optics. 4th Edition. Pearson Education 2002: 663-70.
*2. Pedrotti FL, Pedrotti LS, Pedrotti LM. Introduction to optics. 3rd Edition. Addison-Wesley 2007: 675-702.

## F. 레이저 빔의 조직 반응

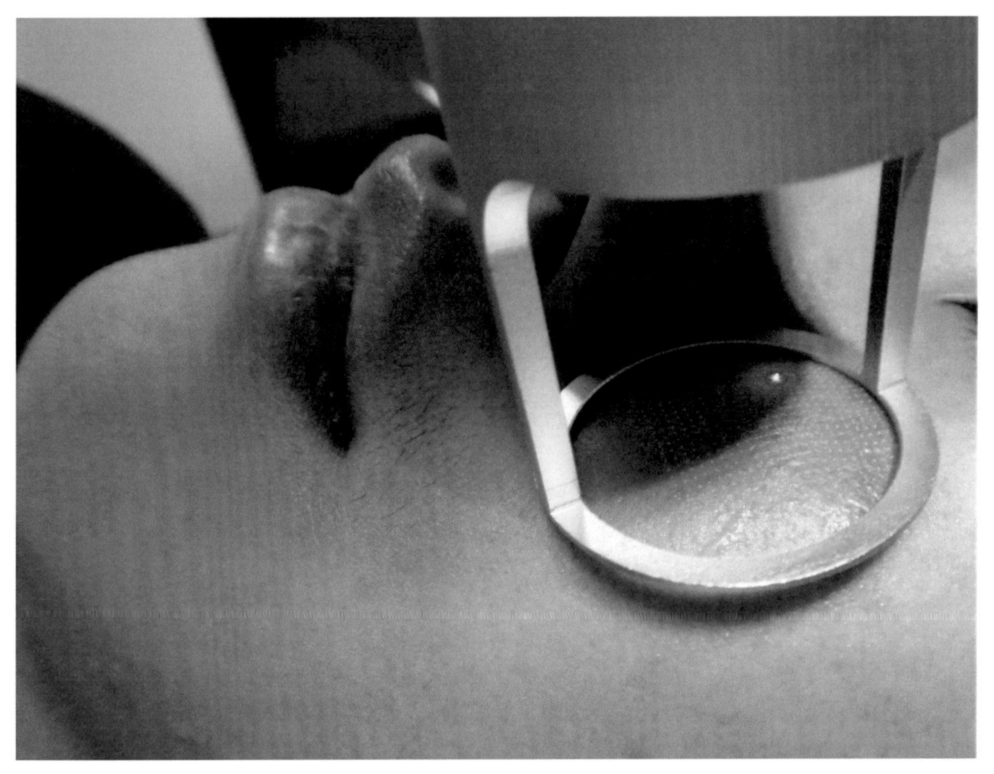

사진 3-6-F-1. 피부조직에 대한 레이저 조사

의료용으로 레이저를 사용하기 위해서는 레이저빔이 인체조직에서 어떻게 전파되며, 어떠한 상호작용을 하는가를 이해하는 것이 필수적이다. 레이저는 각기 자외선대, 가시광선대, 적외선대에 속하는 고유파장을 가지고 있는데, 레이저 시술에 있어서 가장 중요한 매개변수가 바로 이 파장이다. 파장이 다른 레이저들이 각각 생체조직에 미치는 영향이 서로 다른 이유는 파장에 따라 조직에 흡수되고 산란하는 비율이 달라 결과적으로 조직 침투력이 다르기 때문이다. 그러므로 시술 목적에 맞추어 가장 적절한 파장대의 레이저를 선택하여 사용하여야 한다.

조직에 조사된 다양한 파장을 가진 레이저는 출력에 따라 세 가지의 반응을 일으키는데, 매우 낮은 출력의 레이저는 세포를 파괴하지 않고 특정한 화학반응과 신진대사 반응을 일으키며, 높은 출력의 레이저는 조직의 온도를 높여 열로써 조직을 파괴하고, 매우 높은 출력의 레이저는 조직에 열을 거의 발생시키지 않고 기계적 과정을 통해 조직을 파괴한다.

## (1) 광열효과(Photothermal effect)

### 1) 레이저의 광열효과

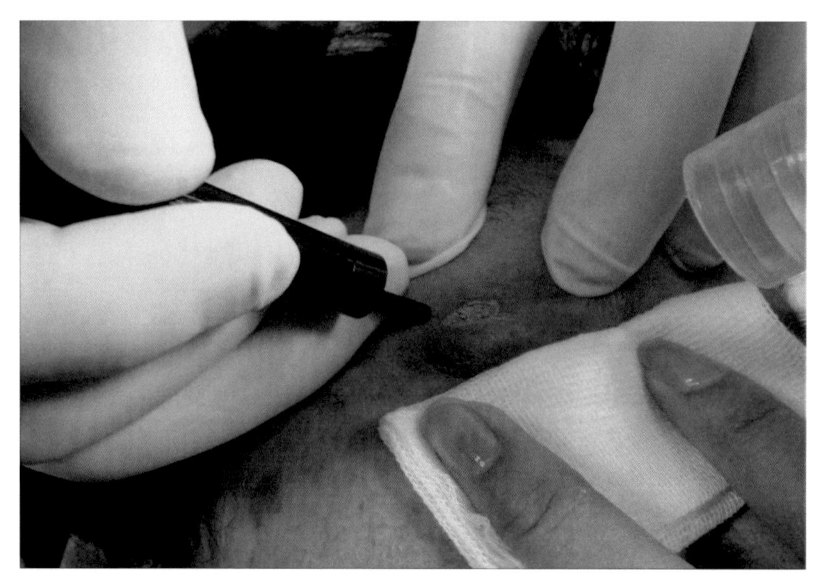

사진 3-6-F-2. 조직에 대한 광열효과를 이용하는 $CO_2$ 레이저 치료

레이저빔이 조직에 조사되었을 때 나타나는 반응은 레이저의 파장, 레이저빔의 강도, 조사시간에 따라 다르며, 또한 표적물질의 성질과 조직의 구성상태에 따라 다르다. 레이저빔의 조직에 대한 주작용은 국소적인 열 효과인데, 비록 세포와 조직의 종류에 따라 레이저를 흡수하는 정도는 다를지라도 레이저의 열 효과는 결과적으로 조직에 탈수, 응고, 기화의 세 가지 현상을 유발한다. 레이저 시술 시 이러한 세 가지 현상 중 한 가지만을 응용하기도 하고 두세 가지를 복합적으로 이용하기도 한다.

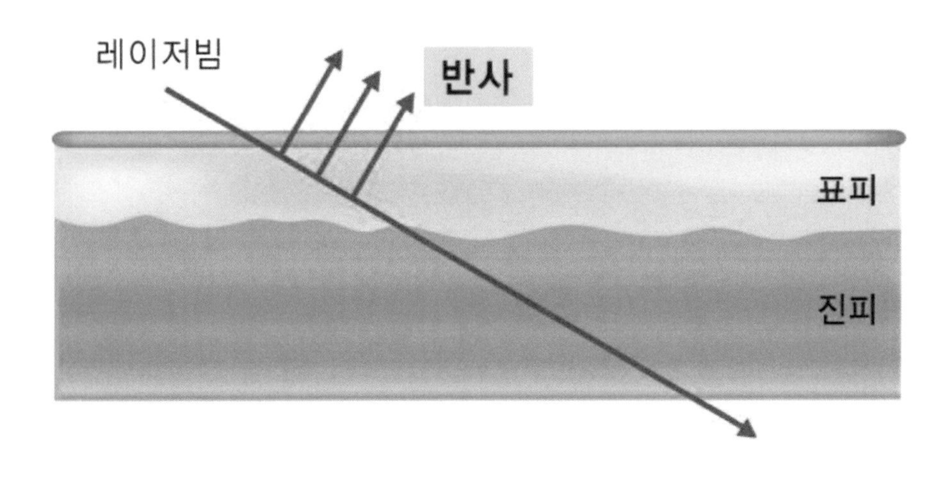


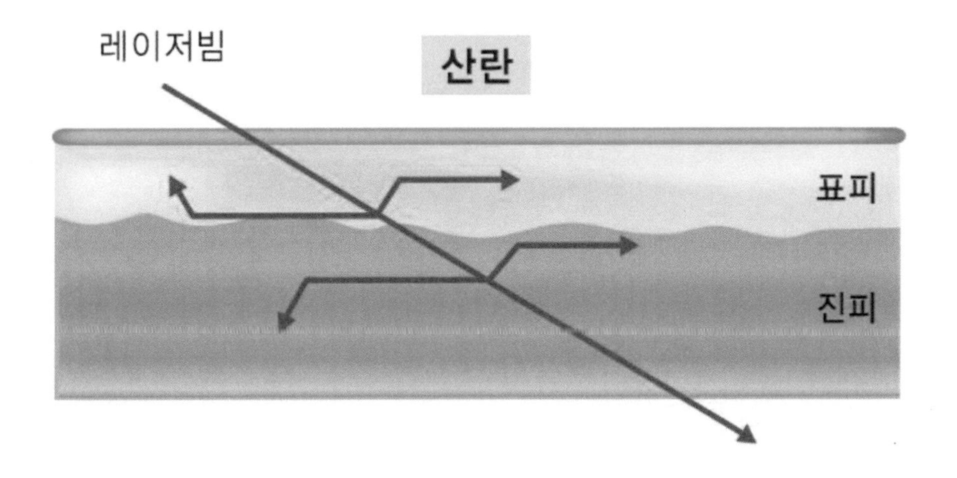

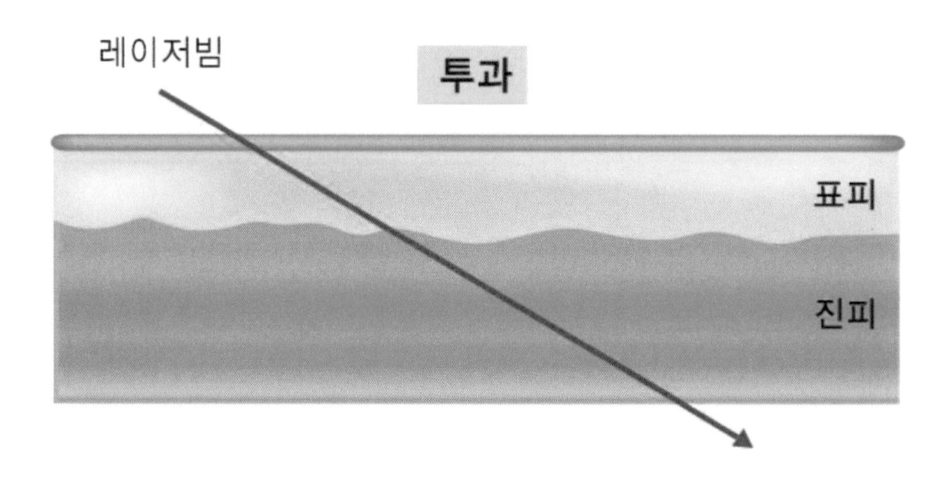


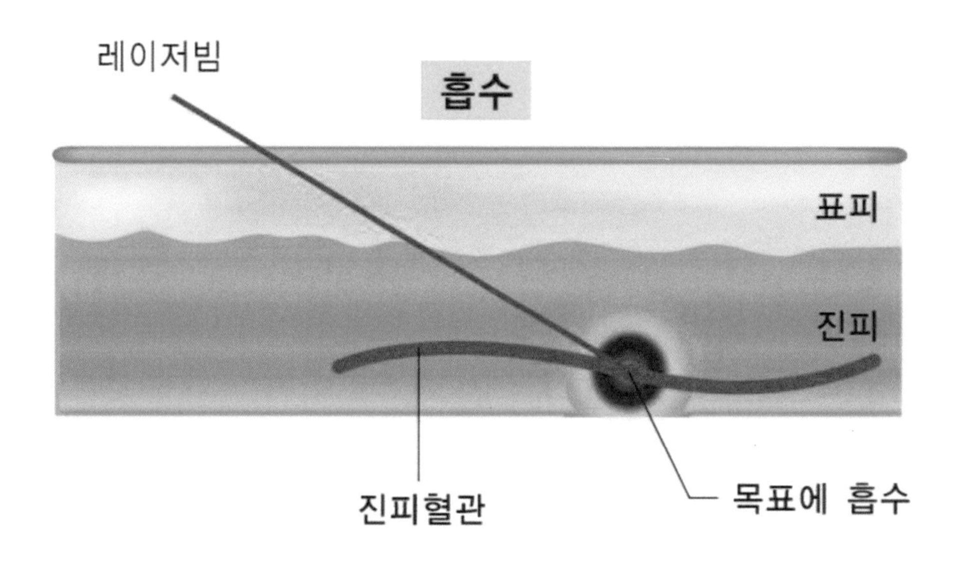


그림 3-6-F-3~6. 레이저빔의 조직에 대한 작용

레이저의 열에너지에 의한 손상은 우선 레이저빔이 조직에 흡수되어야만 효과를 나타내는데, 예컨대 피부 레이저빔이 금속에 닿았을 때는 금속에 아무런 변화 없이 반사되어 버리고, 유리에 닿았을 때는 유리에 아무런 변화 없이 투과되어 버린다. 또한,

레이저빔은 진행 방향을 바꾸어 굴절되거나 임의로 산란할 수 있다. 인체에 레이저를 조사할 때 대부분의 레이저 에너지는 조직에 흡수되지만, 일부 에너지는 조직에서 반사되고, 일부 에너지는 인접 조직으로 산란하고, 일부 에너지는 조직을 투과한다. 임상에서 사용되는 레이저는 피부에 직각으로 조사하게 되므로 굴절은 보이지 않는 경우가 많고 무시할 만큼 작다. 레이저빔이 피부에 조사되는 경우 일부는 표면에서 산란(표면산란) 및 반사가 되고, 일부는 조직에 침투하여 산란(내부산란) 및 흡수가 되고, 나머지는 조직을 투과한다. 보통 레이저 시술 시 레이저가 조직을 투과하여 표적물질에 흡수될 경우, 임상 결과가 가장 좋다.

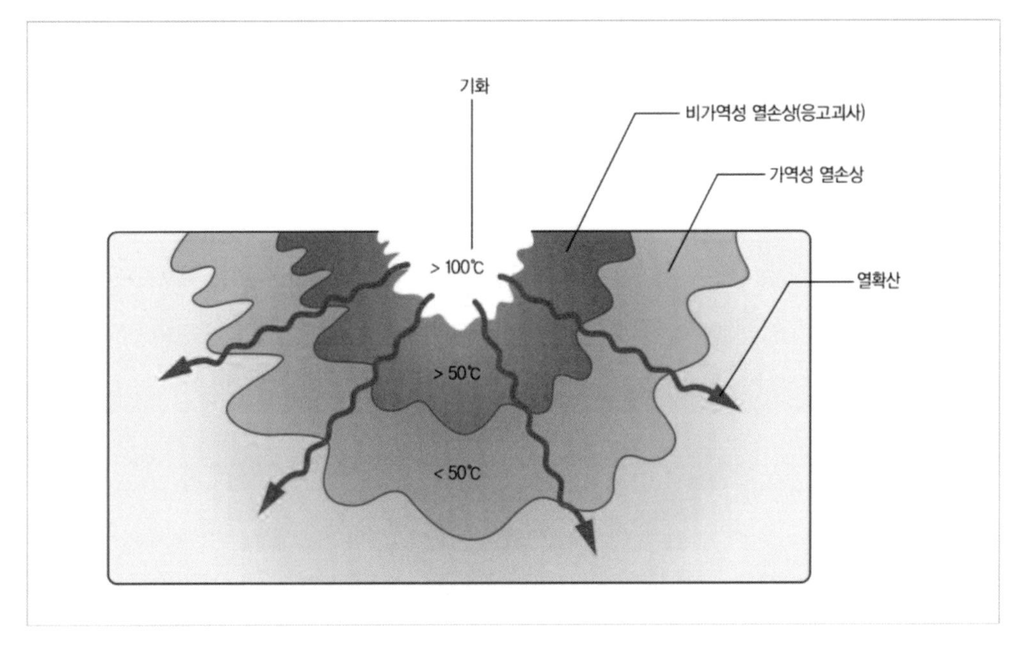


그림 3-6-F-7. 레이저 열 손상

레이저가 조직에 흡수되면 빛에너지가 열에너지로 전환되어 조직의 온도가 올라가게 된다. 온도가 상승함에 따라 조직의 변화는 달리 나타나는데, 조직의 열 손상은 온도와 노출 시간에 비례하여 증가하므로 온도가 높을수록, 노출 시간이 길수록 조직의 열 손상은 증가한다. 온도에 따른 조직의 변화로, 50°C 이하에서는 가역적인 변성을 초래하여 시술 후 정상 상태로 환원이 가능하지만, 60~100°C에서는 조직의 단백질이 변성 또는 응고되어 정상 상태로 환원되지 못하고 비가역적인 열 손상이 초래되어 조직이 괴사한다. 혈액의 응고는 68~90°C에 일어난다. 온도가 100°C가 넘으면 세포

안의 물이 끓게 되고 증기로 기화되며, 이때 생긴 수증기로 인하여 세포가 터지고 혈관이 손상을 입게 된다. 150~250˚C 이상으로 온도가 오르면 조직은 탈수가 생기면서 숯(char)을 형성하며 탄화되지만, 300˚C 이상 온도가 상승하면 조직의 완전한 기화가 이루어지며, 이때는 조직의 탄화물도 남지 않게 된다. 기화되어 없어져 버린 부위는 비가역성 열손상구역, 응고괴사구역, 가역성 열손상구역의 순서로 둘러싸여 있게 된다.

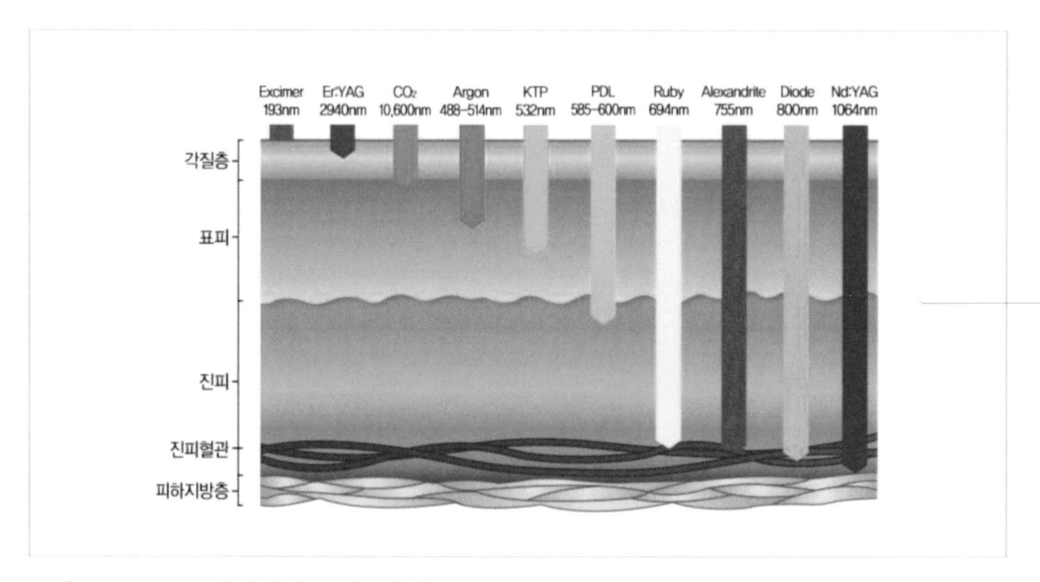


그림 3-6-F-8. 레이저별 투과 깊이

열 손상을 입은 결합조직이 복구되는 양상은 레이저의 양상과는 상관없이 똑같아서 손상된 부위에는 육아조직이 형성되며, 시술 후 흉터 발생 여부와 색소변화는 열 손상의 깊이와 정도에 달려있다. 레이저 시술에 사용되는 레이저들은 각기 파장, 침투 깊이 및 산란 정도가 다르므로 열 손상을 일으키는 깊이가 각기 다르다. 예컨대, $CO_2$ 레이저는 얕은 층에 있는 조직의 수분에 흡수되어 버리므로 별로 분산되지 않고 피부를 0.1mm 정도밖에 침투하지 못하지만, 엔디야그레이저는 적게 흡수되고 분산되면서 깊이 침투하여 4~6mm를 침투하게 된다.

방출한 에너지의 총량은 출력과 조사기간에 비례하므로, 일정한 총에너지량을 유지하려면 출력이 감소할 때는 조사기간을 비례적으로 늘려야 하며, 반대로 출력을 증가시키는 경우는 조사기간을 비례적으로 짧게 해야 한다. 이때 총에너지량이 동일하더라도 출력의 강약에 따라, 조사기간의 장단에 따라 조직에 나타나는 효과는 다르다. 예컨대, 방출한 총에너지량이 동일해도 출력을 더 높이고 조사기간을 더 짧게 하면 조직이 더 많이 증발하고 비가역성 열손상부위는 더 작게 되며, 출력을 더 낮추고 조사기간을 더 길게 하면 조직이 더 적게 증발되고 비가역적 열손상부위는 더 커진다. 그러므로 고출력의 $CO_2$ 레이저는 이러한 원리를 이용하여 피부 표면의 기화를 최대로 하고, 반면 주변의 열 손상을 최소로 줄일 수 있어 레이저박피술에 유용하게 사용된다.

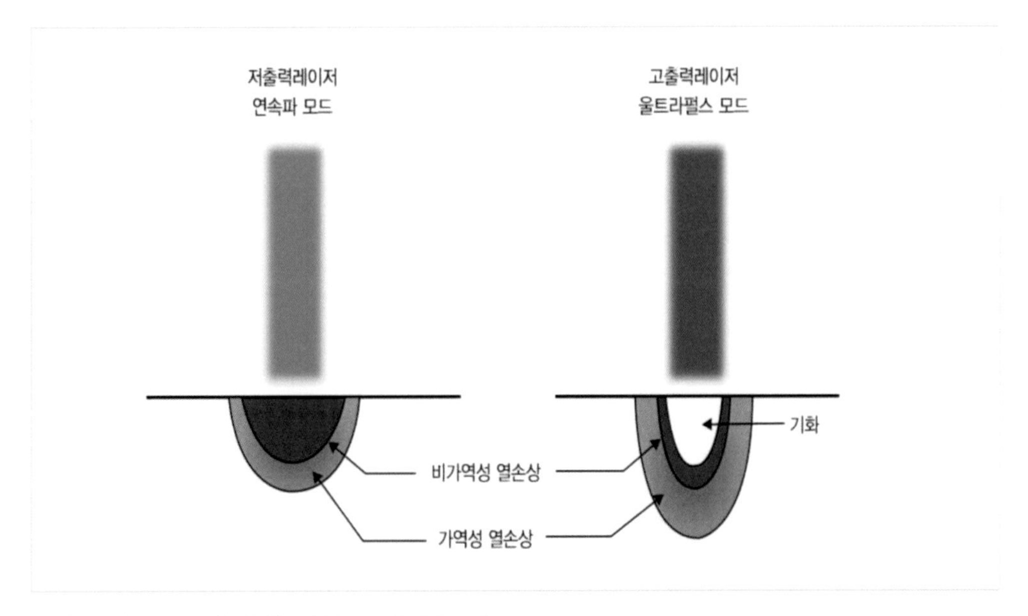


그림 3-6-F-9. 출력에 따른 조직반응 비교

## 2) 선택광열융해(Selective photothermolysis)

1983년 Anderson과 Parrish는 표적 조직에만 열 손상을 입히고 그 주위 조직에는 열 손상이 생기지 않게 하는 '선택광열융해'라는 획기적인 레이저 치료 개념을 발표하였다. 치료하고자 하는 피부병변의 표적 조직에만 선택적으로 잘 흡수되는 레이저 빔을 열이완시간보다 더 짧은 기간만 조사하면, 표적 조직에만 선택적으로 열 손상이 일어나고 주위의 정상 조직은 영향을 받지 않는다는 것이다. 그러므로 이러한 개념으로 레이저 시술을 하게 되면, 병변만 제거되고 주위의 정상 조직은 열 손상을 입지 않아 흉터가 생길 위험이 없게 된다.

**최적의 선택광열융해를 이루기 위한 3대 요소**

1. 레이저의 파장: 병변에 최대로 흡수되는 파장
2. 레이저 조사시간: 병변의 열이완시간보다 짧은 조사시간
3. 레이저 출력: 주위 조직에 손상을 주지 않을 정도의 순간적으로 높은 에너지

## 3) 열이완시간(Thermal relaxation time, TRT)

레이저가 조직에 흡수되면 빛에너지가 열에너지로 전환되어 조직의 온도가 올라가게 되는데, 열이완시간은 레이저를 조사한 직후의 최고온도가 50% 이하로 식는 데 걸리는 시간을 의미한다. 바꾸어 말하면 빛에너지를 흡수한 표적 발색단에서 발생되는 열에 의해 올라간 온도가 주위로 열을 빼앗겨서, 올라간 처음 온도의 1/2로 줄어드는 데 걸리는 시간을 말한다. 이때 표적 발색단 주위의 온도도 상승하게 되고, 전도되는 열이 너무 많으면 주위 조직도 변성을 일으킬 수 있음은 당연하다.

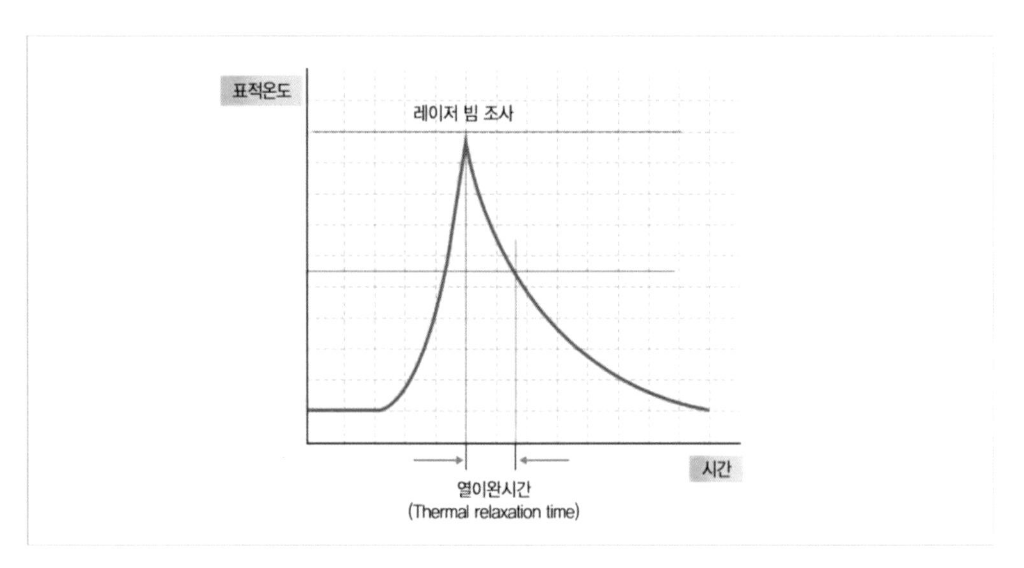


그림 3-2-5-F-10. 열이완시간

열이완시간은 조직의 냉각에 필요한 시간으로, 선택광열융해의 목표는 주위 조직의 열 손상 없이 표적 발색단만을 파괴하는 것이므로, 열이완시간보다 더 짧은 기간만 레이저를 조사하면 표적 조직에만 선택적으로 열 손상이 일어나고 주위의 정상 조직은 영향을 받지 않는다는 이론이다.

| 표적 | 크기(μm) | 열이완시간(TRT) |
|---|---|---|
| 문신 입자 | 0.1~4 | 10ns |
| 멜라닌소체 | 0.5 | 0.25μs |
| 멜라닌세포 | 7 | 1μs |
| 적혈구 | 7 | 2μs |
| 모반세포 | 10 | 0.1ms |
| 표피 | 100~200 | 1~10ms |
| 혈관 | 50 | 1ms |
| 혈관 | 100 | 5ms |
| 혈관 | 200 | 20ms |
| 모낭 | 200 | 40ms |

표 3-6-F-1. 표적별 열이완시간

하지만 실제 레이저 시술 시 발색단과 표적 조직이 일치하지 않는 경우가 많으므로 확대 이론(extended theory of selective photothermolysis)이 이후 다시 제시되었는데, 제모를 위한 레이저의 경우에는 멜라닌색소를 가진 털바탕질과 털줄기의 온도를 올려 열 확산(heat diffusion)을 통해 주변의 모낭줄기세포를 파괴할 수 있어야 하며, 혈관 치료는 발색단인 헤모글로빈 그리고 적혈구뿐만이 아니라 열이 확산되어 혈관 벽의 내피세포가 파괴되어야 레이저의 치료 효과가 나타날 수 있다. 그러므로 제모나 굵은 혈관의 치료를 위해서는 열이완시간(TRT)보다 더 긴 열손상시간(thermal damage time, TDT)이 중요한 것으로 생각되고 있다.

여기서 열손상시간은 주위의 정상 조직을 손상시키지 않고 비가역적인 표적의 손상을 일으키는 데 필요한 시간으로, 발색단으로부터 열 확산을 통해 파괴시키려는 목표물의 가장 바깥 부분이 손상되는 온도까지 걸리는 시간을 의미한다. 따라서 레이저를 조사하는 시간은 열손상시간보다는 짧거나 같아야 한다.

## 4) 발색단(Chromophore)

유기 화합물의 색을 나타내는 원자단을 발색단이라 한다. 1876년 Otto N. Witt가 발표한 '유기화합물의 발색에 관한 이론'에서 색을 가지기 위해서는 물질분자 속에 발색단이라는 원자단이 있어야 하며, 발색단을 함유한 화합물을 색원체(chromogen)라고 명명하였다. 색원체 자체의 색깔은 연하고 엷어서 색소로 될 수 없지만, 여기에 특정한 기를 도입하면 색의 강도가 커지고 섬유에 염착되기가 쉬워져 염료로서의 특질을 가지게 되는데, 이와 같이 작용하는 기를 조색단(auxochrome)이라고 명명하였다. 이 견해는 현재의 발색이론으로 보아도 합리적인 면이 있으므로 이 용어가 현재까지도 사용되고 있다.

또한, 양자역학에 의한 발색이론의 발전으로 물질에 따른 빛의 선택흡수의 본질이 해명되어 발색단은 빛을 흡수하는 원자 또는 원자단을 이르는 말로서, 레이저와 관련하여 발색단은 '빛을 흡수하는 피부 구성성분'으로 이해될 수 있다. 피부에서 빛을 흡수하는 발색단은 물, 헤모글로빈, 멜라닌, DNA, RNA, 단백질(콜라겐, 엘라스틴), 지방, 카로틴, 문신색소 등이다.

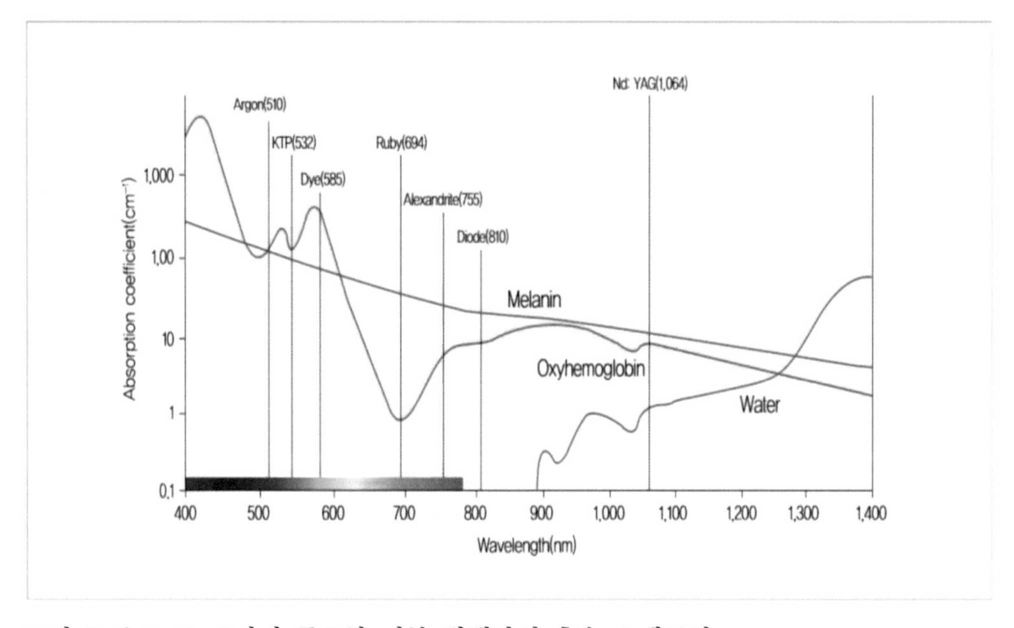


그림 3-6-F-11. 3가지 중요한 피부 발색단의 흡수 스펙트럼

레이저 시술과 관련하여 알아야 할 피부의 주요한 발색단은 멜라닌과 산화혈색소 및 문신색소 등이다. 또한, $CO_2$ 레이저 및 어븀야그레이저 등의 빔은 수분에 잘 흡수되므로 이들 레이저에 대해서는 물이 발색단으로 작용한다. 각각의 발색단은 특정 파장을 선택적으로 흡수하는데, 특정 발색단에 선택적으로 잘 흡수되는 파장의 레이저빔을 조사하면 산란은 최소로 되고 흡수는 최대로 되어 조직에 열 손상을 가져오게 된다. 오랫동안 조사하면 그 발색단이 들어있는 표적 조직은 물론이고 그 주위 조직에도 열이 전도되어 열 손상을 초래하는데, 이는 열에너지가 한정된 기간 동안만 흡수된 조직에 머무르다가 곧 그 주위 조직으로 확산되기 때문이다.

이러한 주위 조직에 대한 불필요한 열 손상을 막기 위해 선택광열융해의 개념이 도입되었고, 열이완시간보다 짧은 기간만 레이저를 조사하여 표적 조직에만 선택적으로 열 손상을 일으키고 주위의 정상 조직은 보호할 수 있게 되었다. 피부혈관에 있는 주된 발색단은 혈색소와 산화혈색소로 혈관 내에 고농도로 들어있는 산화혈색소가 잘 흡수하는 파장은 418nm, 577nm, 542nm의 순이다. 멜라닌은 351~1,064nm 범위의 넓은 스팩트럼을 흡수한다.

## 5) 초점상태

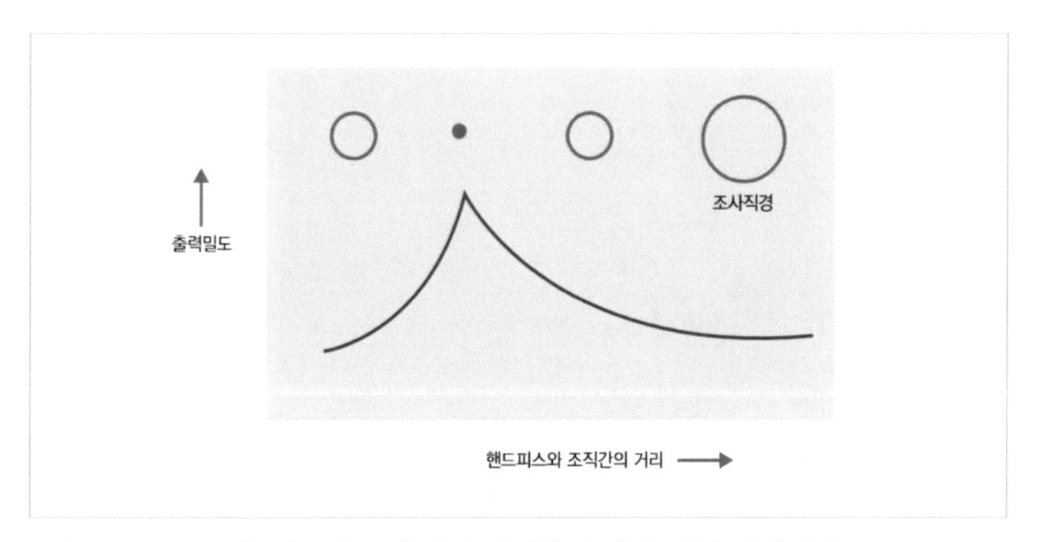


그림 3-6-F-12. 핸드피스와 조직 간의 거리와 출력밀도와의 상관관계

열파괴용 레이저(thermal destructive laser)에서 레이저빔은 초점이 맞춰진 상태에서 출력밀도가 최대가 되며, 초점거리를 벗어나면 출력밀도가 현저히 감소하게 된다. 출력밀도란 단위면적에 가해진 레이저 에너지양을 말하는데, 조직의 열 손상 정도와 관련이 있다. 출력밀도는 레이저의 출력을 선택하기에 따라서 증감할 수 있으며, 동일한 출력을 넓게 조사할수록 출력밀도는 감소하고, 반대로 좁게 조사할수록 출력밀도는 증가한다. 그러므로 동일한 양의 레이저 에너지를 초점거리에 맞추어(focusing) 스폿크기를 작게 하여 조사하면 그 효과가 최대로 나타나 조직이 절개되지만, 초점거리를 벗어나게 하여(defocusing) 스폿크기를 크게 한 후 조사하면 그 효과가 거리의 제곱에 반비례하여 감소되므로 조직이 응고된다. 따라서 시술 시 핸드피스의 레이저빔 출구와 조직 간의 거리를 적절히 조절할 줄 알아야 한다.

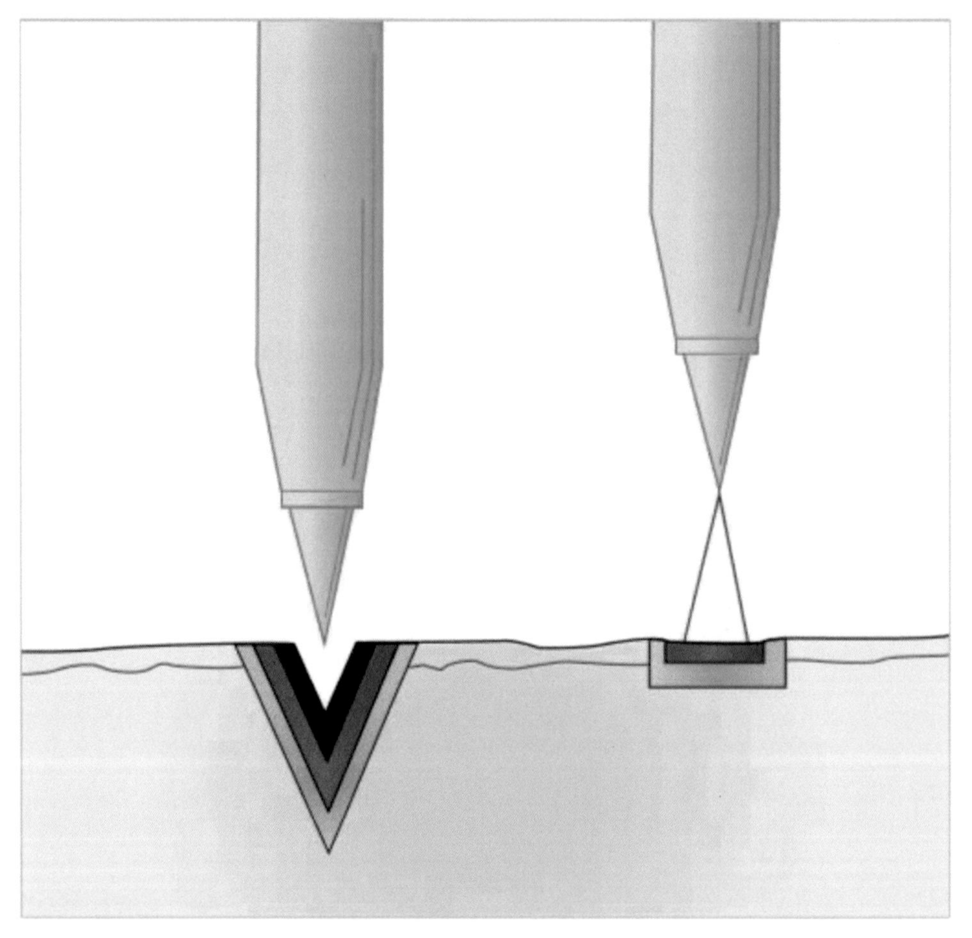

그림 3-6-F-13. 초점상태에 따른 절개와 응고

레이저빔의 출구와 표적 조직 간의 거리가 초점거리보다 멀어질수록 스폿크기가 커지고, 초점거리에 도달하면 스폿크기가 최소가 되지만, 초점거리가 이보다 더 가까워지면 스폿크기가 다시 커지게 된다. 그러므로 동일한 출력이라면 레이저빔의 출구와 표적 조직 간의 거리를 초점에 맞추어 사용하여야 출력밀도가 최고가 된다. 출력밀도가 클수록 조직의 파괴가 빨라지고 주위 조직의 열 손상은 적으며, 출력밀도가 적을수록 조직이 파괴는 느려지고 주위 조직의 열 손상은 커진다. 실제로 출력밀도를 낮게 하여 혈관, 난관, 정관 등을 접합(welding)하려고 노력하고 있다.

## (2) 광기계적 효과(Photomechanical effect)

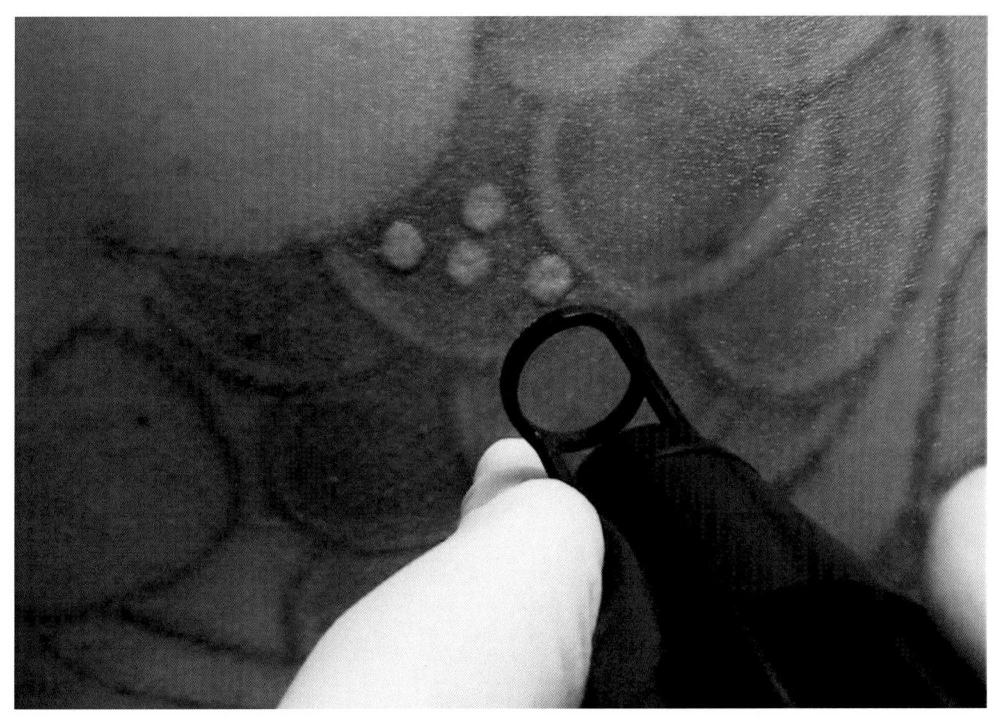

사진 3-6-F-14. 큐스위치 엔디야그레이저의 광기계적 효과를 이용한 문신 제거

레이저빔은 조직에 광열효과를 주는 것 외에도, 광 에너지에 의한 기계적 효과로 표적 조직을 파괴할 수 있다. 이처럼 광기계적 효과를 보이는 레이저는 레이저 조사 시간이 극히 짧고 매우 출력이 높아야만 주위 조직의 손상 없이 표적 조직만의 파괴

가 가능하다. 이를 광붕괴(photodisruption)라고도 하는데, 일정한 공간 안에서 짧은 시간 동안에 급격한 열의 가열이 일어나면서 발생하는 탄성적인 팽창에 의한 현상으로, 이러한 갑작스러운 열적 팽창은 충격파를 발생시켜 주위 조직에 손상을 일으킬 수 있다. 그러므로 이 경우는 열에 의한 조직파괴가 아니라 충격파에 의한 기계적인 파괴인 것이다.

광기계적 효과의 기전은 플라스마 형성, 충격파, 공동, 제트 형성으로 설명되고 있다. 이처럼 조직에 열을 거의 발생시키지 않고 기계적 과정을 통해 조직을 파괴하는 레이저에는 엑시머레이저(excimer laser)와 큐스위치 레이저(Q-switched laser) 등이 있다. 엑시머레이저는 조직에 열을 거의 발생시키지 않고 매우 높은 출력으로 세포를 이루고 있는 분자의 화학결합을 파괴하여 조직을 괴사시키는 레이저이다. 할로겐 화합물 기체 중 한 가지를 매질로 사용하여 전기적 방전에 의해 자외선대에 속하는 레이저빔을 방출하는데, 주로 불화세논, 염화세논, 불화크립톤, 불화아르곤과 같은 네 가지 기체가 사용되며, 이들은 각각 351, 308, 248, 193nm의 자외선을 방출한다. 매질의 구성성분에 따라 높은 출력의 157~351nm 자외선이 나오는데, 파장이 짧아서 열에 의한 조직의 손상은 미미하고, 주로 레이저가 세포를 이루고 있는 분자의 화학결합을 파괴하는 현상인 광해리(photodissociation)에 의해 조직이 파괴된다. 열 손상이 매우 적게 일어나므로 목표 부위를 정확하게 파괴하고 인접 조직은 손상하지 않는 장점이 있다.

큐스위치 루비레이저, 큐스위치 알렉산드라이트레이저, 큐스위치 엔디야그레이저와 같은 큐스위치 레이저는 큐스위치를 이용하여 극히 짧은 시간, 높은 순간 출력의 펄스파 레이저빔을 조사하여 광음향효과(photoacoustic effect)에 의한 충격파로 표적에 손상을 주어 조직을 파괴한다. 또한, $CO_2$ 레이저는 조직에 광열효과를 보이지만, 어븀야그레이저는 광기계적 효과를 보이므로 레이저 조사 시에 폭발하는 것과 같은 소리가 요란하게 들린다.

### (3) 광화학효과(Photochemical effect)

모든 파장의 레이저광은 생체조직에 조사되어 흡수된 경우, 매우 낮은 출력에서는 세포의 파괴 없이 특정한 화학적 반응과 신진대사 반응을 일으키는 광화학적 상호작용이 일어난다. 저출력레이저요법(low level laser therapy, LLLT)은 1~500mW의 낮은 출력으로 피부에 열을 발생시키지 않고 피부 표면을 투과하여 광 에너지만을 신체의 내부에 전달하게 되며, 레이저빔을 흡수한 세포는 광 에너지를 화학적인 에너지로 전환하여 손상된 부위의 치유와 통증 완화에 이용하게 된다.

레이저가 처음 발명되고 얼마 지나지 않아 피부암에 대한 레이저 효과의 실험을 시작하였던 Mester 등은 1971년 저출력의 루비레이저가 외상으로 인한 상처와 화상의 재생을 자극한다는 사실을 처음으로 보고하였고, 이후 현재까지 LLLT는 조직의 재생, 통증의 완화, 염증의 치료 및 줄기세포의 증식 등 다양한 임상 분야에서 그 효과가 입증되고 있다. 예컨대, 저출력 헬륨네온레이저는 압박궤양에서 콜라겐 생성과 치료에 효능을 보여주는데, 이것은 생체자극 효과를 보이는 광화학적 작용이라고 할 수 있다. 1,064nm 엔디야그레이저를 저출력으로 사용하면 위와 같은 효과를 얻을 수 있고, 또한 세포를 죽이지 않으면서 DNA를 합성하지 못하게 하므로 콘딜로마에서 바이러스 증식을 억제하는 데 유용하게 사용된다. 같은 종류의 레이저라도 파장을 달리하면 신진대사에 다른 효과를 보이므로 파장이 1,320nm인 엔디야그레이저가 이런 목적으로 사용되고 있다. 또한, 아르곤레이저, $CO_2$ 레이저 등은 단백질 응고에 의한 미세혈관문합술에 응용되고 있다.

LLLT의 작용기전은 완전히 이해되지 않고 있지만, 단색성 및 가간섭성 빛이 표피를 통과하여 특정 진피 표적(발색단)에 흡수된 후, 세포 대사와 상처치유를 촉진시키는 효소들을 변화시키는 생체자극 연쇄 과정에 의한 것으로 생각되고 있다. 이러한 조직 대사에 있어서 LLLT의 효과는 'laser biostimulation'으로 불리며, 조직에 대한 LLLT의 긍정적인 생체자극 효과는 잘 알려져 있다. 'low-intensity laser', 'low-power laser', 'cold laser'로도 불리는 LLLT 장비들은 단일, 가간섭성, 단색성 파장의 빛을 이용하기 때문에 비간섭성, 비단색성 및 다양한 파장의 빛을 방출하고 스폿 크기에 의한 제한이 없어 더 넓은 범위를 치료할 수 있는 LED와는 다르다. LLLT는 세포 고사를 막고 세포의 증식, 이동, 부착을 향상시키며, 레이저 조사 조직의 즉각적인 온도상승이 없는 비열성 반응을 보이는 낮은 수준의 에너지를 전달하므로 열, 소리, 진동이 없다.

LLLT는 초기에 헬륨네온(632.8nm), 루비(694nm), 아르곤(488, 514nm), 크립톤(521, 530, 568, 647nm)레이저가 주로 사용되었으나, 최근에는 600~1,100nm의 적색 및 근적외선 파장의 200mW 이하의 비열성 출력이 임상에서 사용되며, gallium arsenide(GaAs; 904nm)와 gallium aluminum arsenide(GaAlAs; 820, 830nm)와 같은 다이오드레이저가 주로 사용되고 있다.

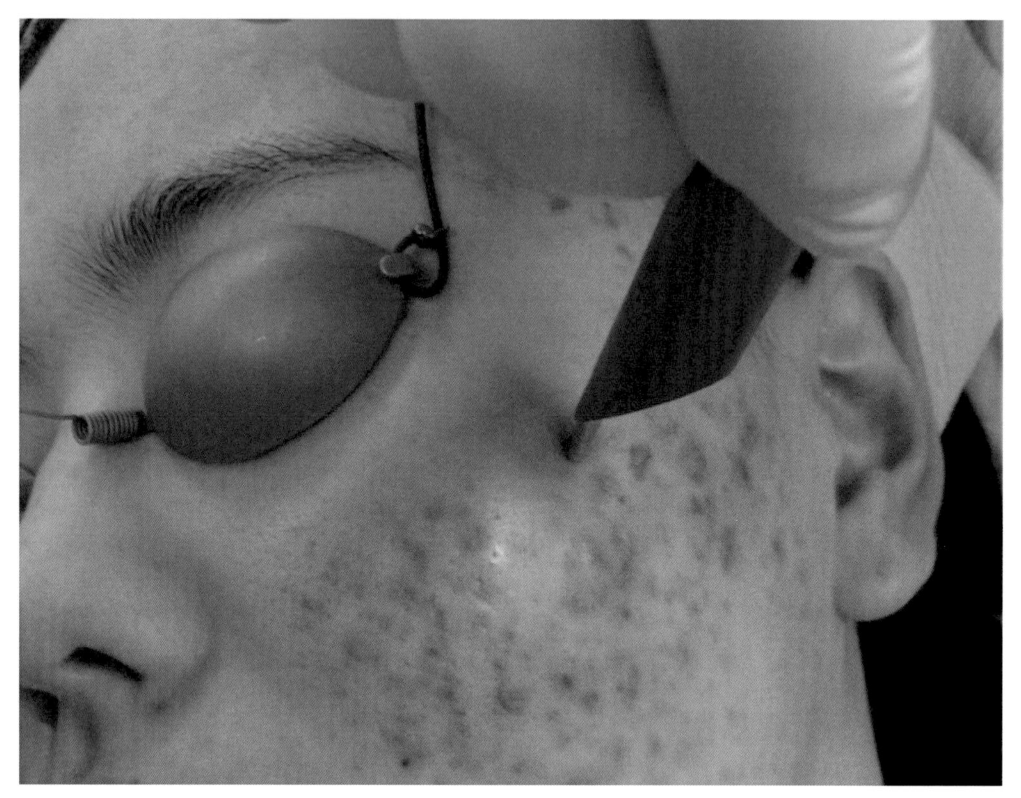

사진 3-6-F-16. 여드름에 585nm PDL을 광원으로 한 광역학요법

한편 광화학반응을 이용하여 악성 종양을 치료하기 위해서는 가변색소레이저(tunable dye laser)나 금증기레이저(gold vapor laser), 다이오드레이저 등이 사용되는데, 초기에는 파장조절이 가능한 색소레이저가 사용되었으나 유지관리가 어렵고 장치 크기가 커서 지금은 관리가 쉽고 간편한 다이오드레이저가 많이 사용되고 있다.

또한, 최근에 많이 이용되는 광역학요법(photodynamic therapy, PDT)은 약물과 광선이 상호작용을 하여 원하는 치료 효과를 거두는 치료법으로 우선 광선에 반응하는 물질인 광과민제를 원하는 세포에 침투시킨 후, 특정 파장의 광선을 조사하여 원하는 세포만을 선택적으로 파괴하는 일종의 광화학 요법이다.

PDT는 주로 종양 치료를 위한 목적으로 사용되어 왔다. 암세포에만 축적되는 광감작제를 암 환자에게 주사한 후 광감작제에 민감한 흡수 파장을 가진 레이저를 쪼여 암세포만 파괴하는 치료 방법으로 인식되어 왔고, 정상 세포에 피해를 주지 않고 암세포만을 선택적으로 공격하기 때문에 치료에 따른 합병증과 후유증이 적은 것이 특징이었다.

현재 피부질환에 대한 광역학요법은 접근의 용이성으로 인해 건선, 사람유두종바이러스질환, 혈관기형, 피지선과형성, 화농성 한선염 등의 비종양성 질환뿐만 아니라 광선각화증, 광선구순염, 유방외파제트병, 보웬병 등의 피부암 전구증과 표재성 기저세포암, 표재성 편평상피세포암, 각화극세포종, 카포시육종, 피부 T세포 림프종 및 균상식육종, 악성 흑색종 그리고 피부전이암 등의 종양성 질환의 치료에 다양하게 사용되고 있다.

특히 2000년 Hongcharu 등은 여드름 환자에서 ALA와 적색광을 이용한 광역학요법으로 여드름 병변의 호전과 함께 피지의 분비가 서서히 감소하는 것을 관찰하였고, 또한 피부조직검사에서 피지선이 위축됨을 확인하였다고 보고함에 따라, 현재 광역학치료는 여드름 치료 외에도 과다한 피지, 넓은 모공의 치료에도 광범위하게 사용되고 있으며, 제모나 광회춘과 같은 미용 목적의 다양한 적용이 늘어가고 있다. 참고로, 광화학적 반응을 이용한 제모는 최근 일반적인 제모 레이저에 잘 반응하지 않는 비색소성 모발(non-pigmented hair)에 대한 효과적인 제모를 위한 대안의 하나로 부각되고 있는 것으로 알려진다.

## 참고문헌

1. 강진성. 성형외과학. Third Edition. Volume 4. 얼굴(3). 군자출판사 2004; 2034-48.
2. 김영식. 의료용 레이저. 광학과 기술 2010: 14 (2): 34-9.

3. 성경제, 최지호. 피부질환의 레이저 치료. 울산의대학술지 1995; 4 (2): 8-17.
4. 손정영. 레이저 응용-의과학분야. 전기의세계 1993; 42 (6): 18-25
5. 송순달. 레이저의 의료응용. 다성출판사 2001: 214-44.
6. 박승하. 레이저 성형. 군자출판사 2008: 2-4, 379, 381.
7. 범희승, 이종일. 바이오 의 광학. 전남대학교출판부 2007: 110-5.
8. 윤길원. 레이저의 의학적 응용과 전망. 한국광학회 하계학술발표회논문집 1995; 12: 2-6.
9. 이승헌, 박태현. 피부과 영역에서의 레이저 이용. 항공우주의학지 1995; 5 (1): 86-93.
10. 이욱. IPL의 원리와 그 이용. 대한일차진료학회/도서출판 엠디월드 2008: 36, 63.
11. 이충희. 레이저를 이용한 의료기술과 안전성 평가기술. New Physics: Sae Mulli 2012; 62 (6): 531-50.
12. 정종영. 임상여드름학. 도서출판 엠디월드 2014: 654-89.
13. 정종영. 임상적 피부관리. 도서출판 엠디월드 2010: 813-22.
14. 최지호. 피부과 영역에서의 레이저. 대한피부과학회지 1994; 32 (2): 205-16.
15. 함정희. 임상에 있어서 레이저의 이용/ 피부과에 있어서 레이저의 이용. 대한의사협회지 1992; 35 (12): 1475-81.
16. 허수진. 의학에서의 레이저의 응용. 울산의대학술지 1995; 4 (2): 1-7.

*1. Akaraphanth R, Kanjanawanitchkul W, Gritiyarangsan P. Efficacy of ALA-PDT vs blue light in the treatment of acne. Photodermatol Photoimmunol Photomed 2007; 23: 186-90.
*2Altshuler GB, Anderson RR, Manstein D, Zenzie HH, Smirnov MZ. Extended theory of selective photothermolysis. Lasers Surg Med 2001; 29 (5): 416-32.
*3. Anderson RR, Parrish JA. Selective photothermolysis: precise microsurgery by selective absorption of pulsed radiation. Science 1983; 220 (4596): 524-7.
*4. Degitz K. Phototherapy, photodynamic therapy and lasers in the treatment of acne. J Dtsch Dermatol Ges 2009; 7 (12): 1048-54.

*5. Habashi F. Witt and the Theory of Dyeing. Trends in Textile & Fash Design 2019; 3 (4): 640-3.
*6. Hongcharu W, Taylor CR, Chang Y, Aghassi D, Suthamjariya K, Anderson RR. Topical ALAphotodynamic therapy for the treatment of acne vulgaris. J Invest Dermatol 2000; 115: 183-92.
*7. Itoh Y, Ninomiya Y, Tajima S, Ishibashi A. Photodynamic therapy for acne vulgaris with topical 5-aminolevulinic acid. Arch Dermatol 2000; 136: 1093-5.
*8. Mester E, Spiry T, Szende B, Tota JG. Effect of laser rays on wound healing. Am J Surg 1971; 122 (4): 532-5.
*9. Mester E, Szende B, Spiry F, Sacher A. Effects of the laser in wound healing. Lyon Chir. 1971; 67 (6): 416-9.
*10. Sardana K, Garg VK. Lasers in Dermatological Practice. Jaypee Brothers Medical Pub 2014: 18-20.
*11. Tunér J, Hode L. Laser Therapy Clinical Practice & Scientific Background. Prima Books 2002: 75.
*12. Weber RJ, Taylor BR, Engelman DE. Laswe-Induced Tissue Reactions and Dermatology. In: Bogdan Allemann I, Goldberg DJ, Eds. Basics in Dermatological Laser Applications. Curr Probl Dermatol. Basel, Karger 2011; 42: 24-34.
*13. Witt ON, Über eine Filtriervorrichtung. Ber. d. Deutschen Chem. Ges 1886; 16: 918.
*14. Yadav RK. Definitions in Laser Technology. J Cutan Aesthet Surg 2009; 2 (1): 45-6.

## C. 레이저 에너지와 파워

여러 가지 복잡한 단위가 붙는 레이저 용어를 이해하는 일은 정말 사람을 피곤하게 하지만, 레이저 치료 시 완벽한 시술과 사후 관리를 위해 반드시 이해하고 넘어가야 한다. 아니, 이해하는 차원을 넘어서 마치 운전을 오래 한 드라이버처럼 레이저 장비와 하나가 되어야 감각적인 시술이 가능해진다.

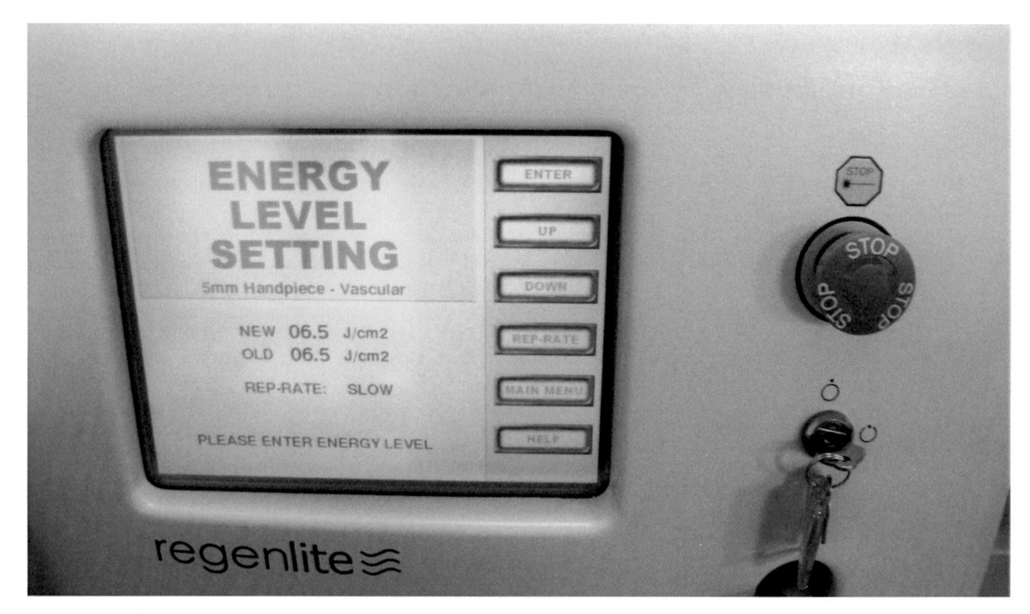


사진 3-6-G-1. 레이저 에너지 레벨의 세팅의 예

## (1) 에너지(Energy)

조직에 가해진 레이저 에너지의 총량으로, 레이저빔의 광자의 양에 의해 결정되며 Joule(J)로 표시한다.

## (2) 출력(Power)

단위시간에 조직에 가해진 레이저 에너지의 양으로, 단위시간 당 목표점에 도달하는 광자의 수를 말하며 Watt(W)로 표시한다.

**출력 = 에너지량/조사기간 (W=J/sec)**

바꿔 말하면 레이저 에너지의 총량(J)은 출력(W)에다 목표점에 레이저빔을 조사한 시간(sec)을 곱한 것으로, 출력과 조사시간을 알면 레이저 에너지의 총량을 알 수 있고 이로써 손상되는 조직의 양을 알 수 있다.

**총에너지량(J) = 출력(W) × 조사기간(sec)**

## (3) 출력밀도(Power density, Irradiance)

단위면적에 가해진 출력으로, 조직의 열 손상 정도와 관계가 있으며 W/㎠로 표시한다.

**출력밀도 = 출력/단위면적 (Pd=W/㎠)**

## (4) 에너지밀도(Energy density, Fluence)

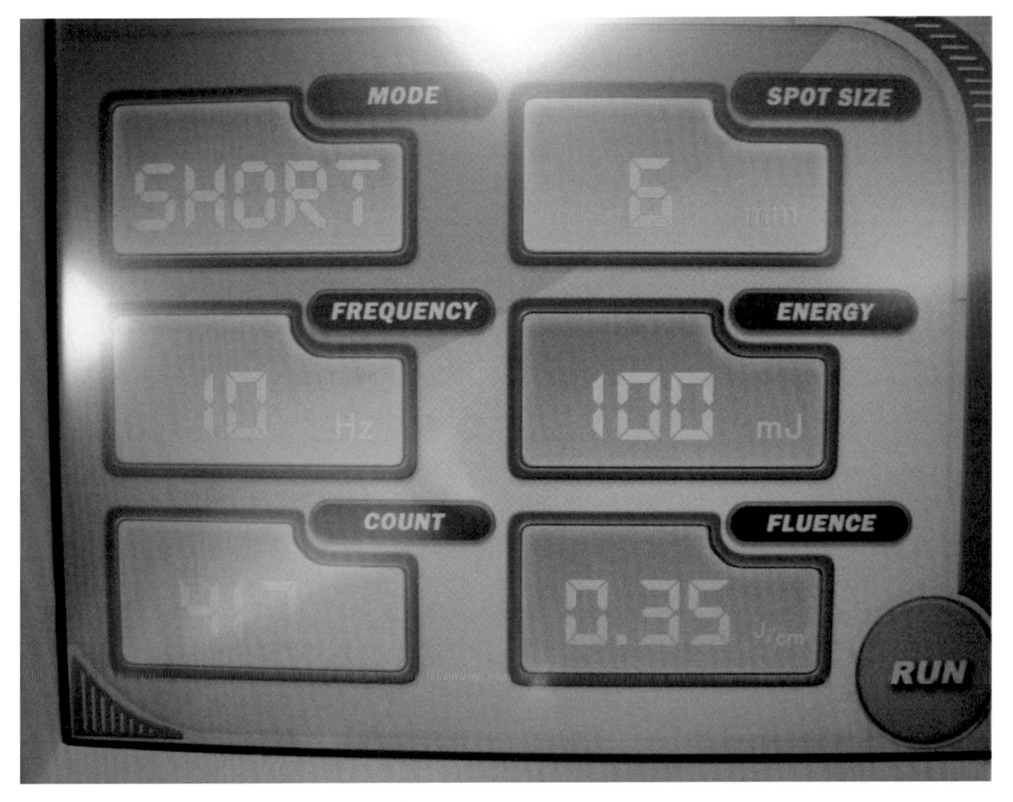


사진 3-6-G-2. 에너지와 에너지밀도

단위면적에 가해지는 레이저 에너지량으로, 출력밀도를 조사시간으로 곱한 것이며 J/㎠로 표시한다.

**에너지밀도 = 출력밀도(W/㎠) × 조사시간(sec) = 총에너지량(J)/단위면적(㎠)**

### (5) 펄스에너지(Pulse energy)

연속파가 아닌 펄스파의 경우 전달되는 에너지는 펄스 당 에너지인 mJ로 표시하는데, 펄스파의 경우 출력(W)은 펄스에너지의 전체를 합한 값이다. 펄스 레이저의 치료효과는 출력보다 펄스에너지에 의해 결정된다.

### (6) 펄스빈도(Frequency)

펄스의 빈도를 말하며, Hz로 표시한다. 예컨대, 1초당 10 펄스가 나오면 10Hz이다.

### (7) 평균출력(Average power)과 최대출력(Peak power)

연속파는 출력이 일정하므로 평균출력과 최대출력이 같지만, 펄스 레이저의 경우 레이저빔을 조사하는 시간(on time)과 조사되지 않고 쉬는 시간(off time)이 있으므로 평균출력은 총에너지를 조사시간으로 나눈 것이며, 최대출력은 조사시간 중에 최대의 출력을 말한다.

### (8) 동작주기(Duty cycle)

조사 시간을 전체 시간으로 나눈 것으로, duty cycle(%)=on time/total time으로 계산한다. 예컨대, 동작주기가 10%이면 단위시간 내에 10% 기간 동안만 레이저가 조사됨을 의미한다.

【참고】

레이저의 출력을 표현하는 **질레트(Gillette)**라는 단위

1960년 루비레이저 빔을 처음으로 발사한 Maiman은 그의 첫 레이저의 파워를 질레트(Gillette)라는 단위로 측정하였다. 레이저에 관한 역사적 문헌에는 대형 루비 레이저광은 얇은 금속판에 구멍을 뚫을 만큼 강력한 것이 가능했다고 기록하고 있다. 즉, 레이저의 출력을 레이저가 관통할 수 있는 질레트 면도날의 개수로 측정하였는데, 그의 첫 레이저는 단지 1 질레트 면도날만을 뚫을 수 있었다. 당시는 이처럼 Gillette 단위로 레이저의 출력을 비교하였으며, 예를 들어 5 Gillette의 파워를 가진 레이저는 5개의 질레트 면도날을 구멍낼 수 있는 파워를 가진 것을 의미하였다.

사진 3-6-G-3. 1960년대 당시 흔히 사용되던 질레트 안전면도기 - 사용 설명서에 있는 면도날 그림

여전히 유명 브랜드로서 질레트 제품은 세계 각국에서 판매되고 있으나, 그간 면도기의 형태에도 많은 변화가 있어 지금은 마트에서도 예전에 사용되던 면도날을 찾아볼 수 없으며, 레이저의 출력은 와트(W)로 표시하도록 되어 있다. 또한, 레이저 강도를 다루는 측정기로는 포토 센서를 사용한 레이저 파워미터가 사용되고 있다.

## 참고문헌

1. 강진성. 성형외과학. Third Edition. Volume 4. 얼굴(3). 군자출판사 2004; 2031-4.
2. 다니코시 긴지. 레이저의 기초와 응용. 일진사 2014: 138.
3. 박승하. 레이저성형. 군자출판사 2008: 20-3.
4. 송순달. 레이저의 의료응용. 다성출판사 2001: 86-8.
5. 월간 전자기술 편집위원회. Electronics plus 전자용어사전. 성안당 2011.
6. 정종영. 임상적 피부관리. 도서출판 엠디월드 2007: 822-4.
7. 최지호. 피부과 영역에서의 레이저. 대한피부과학회 1994; 32 (2): 205-16.

*1. Bogdan Allemann I, Kaufman J. Laser Principles. In: Bogdan Allemann I, Goldberg DJ, Eds. Basics in Dermatological Laser Applications. Curr Probl Dermatol. Basel, Karger 2011; 42: 7-23.
*2. Hecht E. Optics. 4th Edition. Pearson Education 2002: 57.
*3. Hecht J. Understanding lasers: an entry-level guide. IEEE Press 1994: 331-2.
*4. Ohshiro T. Laser Treatment for Naevi. John Wiley & Sons 1995: 48.
*5. Pedrotti FL, Pedrotti LS, Pedrotti LM. Introduction to optics. 3rd Edition. Addison-Wesley 2007: 636-9.
*6. Tunér J, Hode L. Laser Therapy Clinical Practice & Scientific Background. Prima Books 2002: 16-7.
*7. Wenyon M. Understanding holography. Arco Pub 1985: 42.
*8. Yadav RK. Definitions in Laser Technology. J Cutan Aesthet Surg 2009; 2 (1): 45-6.

## H. 포커싱(focusing)과 스폿크기(spot size)

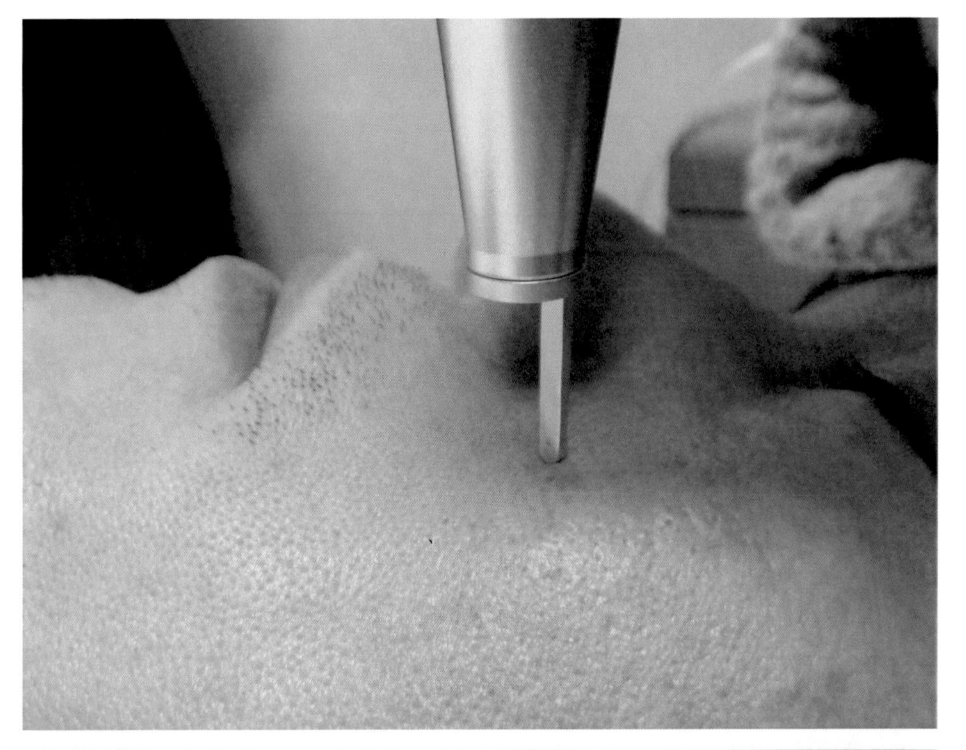

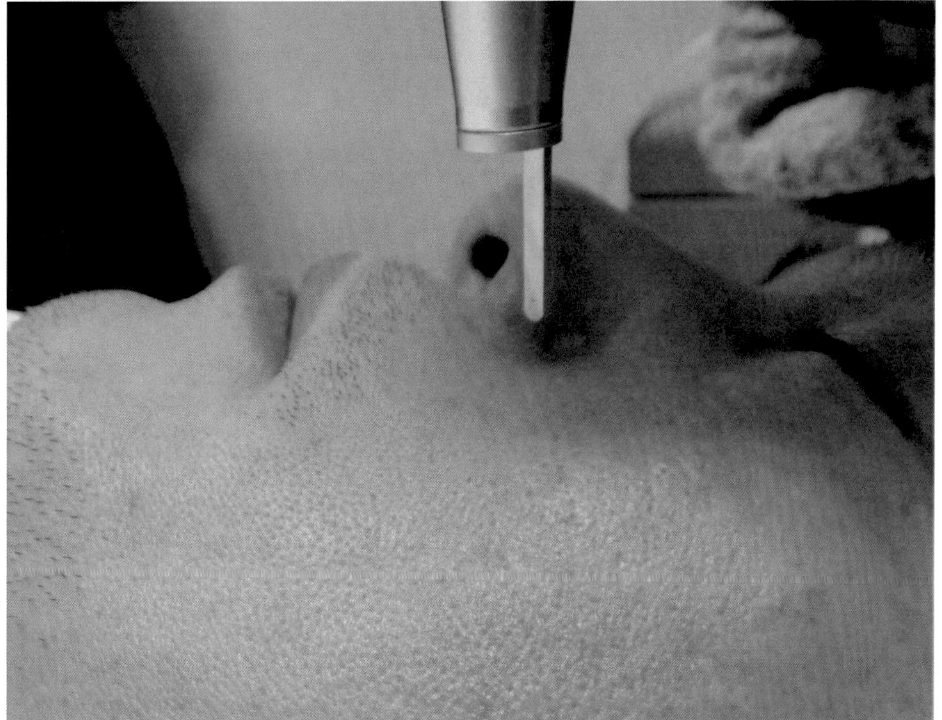

사진 3-6-H-1. 포커싱과 디포커싱

열로 조직을 파괴하는 작용기전을 가진 레이저(열파괴용 레이저)들은 피부병변의 치료 및 수술용으로 널리 이용되고 있다. 동일한 출력이라도 넓게 조사할수록 출력밀도는 감소하고, 좁게 조사할수록 출력밀도는 증가한다. 예컨대, 레이저 출력이 같은 경우 조사직경이 2배 증가하면 면적은 4배 커지므로 레이저는 분산되어 단위면적당 가해지는 출력은 1/4로 감소하며, 조사직경이 1/2로 감소하면 레이저는 집중되어 단위면적당 가해지는 출력은 4배로 증가한다. 즉, 동일한 양의 레이저 에너지를 초점거리에 맞추어(focusing) 스폿크기를 작게 하여 조사하면 그 효과가 최대로 나타나 조직이 절개되지만, 초점거리를 벗어나게 하여(defocusing) 스폿크기를 크게 한 후 조사하면 그 효과가 거리의 제곱에 반비례하여 감소되므로 조직 깊은 곳에는 영향을 주지 않고 목표로 하는 표재성 병변만 응고된다.

레이저빔의 출구와 표적 조직 간의 거리가 초점거리보다 멀어질수록 스폿크기가 커지고, 초점거리에 도달하면 스폿크기가 최소가 되지만, 초점거리가 이보다 더 가까워지면 스폿크기가 다시 커지게 된다. 그러므로 동일한 출력이라면 레이저빔의 출구와 표적조직 간의 거리를 초점에 맞추어 사용하여야 출력밀도가 최고가 된다.

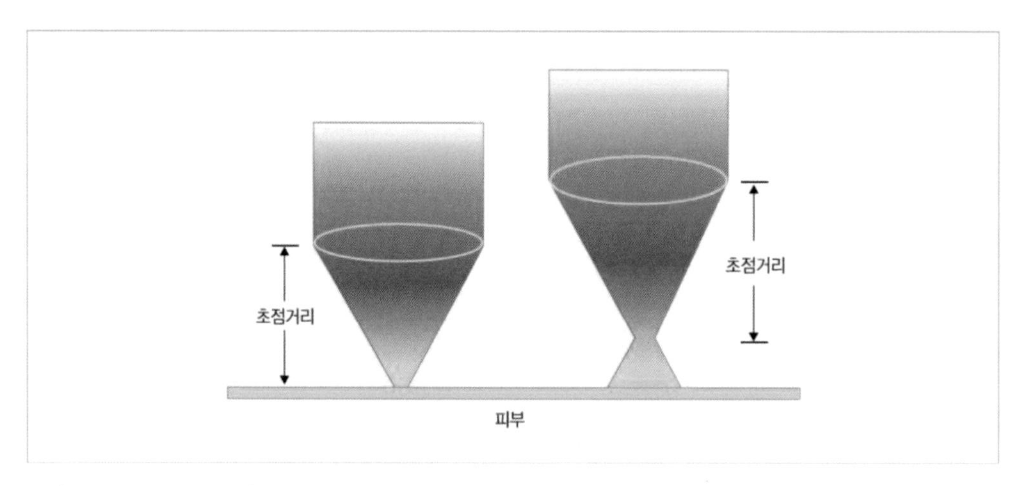


그림 3-6-H-2. 포커싱과 디포커싱

직경이 매우 작은 0.2mm의 스폿크기로 5-25W 출력의 $CO_2$ 레이저를 조사하면 피부에 대략 12,000~60,000W/㎠의 출력밀도가 전달되어 조직이 용이하게 절개되는 것으로 알려진다. 이보다 높은 출력을 이용하면 더 깊게 절개되며, 절개선의 폭은 레이저빔의 직경인 0.2mm와 같다. 핸드피스를 조직표면에서 멀리하여 초점거리를 벗어나게 하거나, 스폿크기가 2~5mm인 핸드피스를 사용하면 조직이 증발하는데, 2~5mm 스폿크기와 5W의 출력을 이용하면 피부에는 대략 50~150W/㎠의 출력밀도가 전달되어 0.2mm 스폿크기에 5W를 조사할 때 출력밀도인 12,000W/㎠보다 훨씬 적게 된다.

출력밀도가 증발속도를 결정하므로, 스폿크기가 큰 것을 이용할 때는 높은 출력밀도를 피부에 전달하기에 충분한 출력이어야 조직이 빨리 증발할 수 있다. 스폿크기 5mm는 스폿크기 0.2mm보다 크기가 25배나 크지만, 스폿크기 5mm로 스폿크기 0.2mm의 경우와 동일한 속도와 깊이로 절개하려면 625배의 출력이 요구된다. 즉, 5mm 스폿크기 12,000~60,000W/㎠ 출력밀도인 경우 0.2mm 스폿크기로 절개할 때와 같은 속도로 5mm 폭의 절개가 이루어지려면 무려 3,000~15,000W의 출력이 필요하다는 것이다.

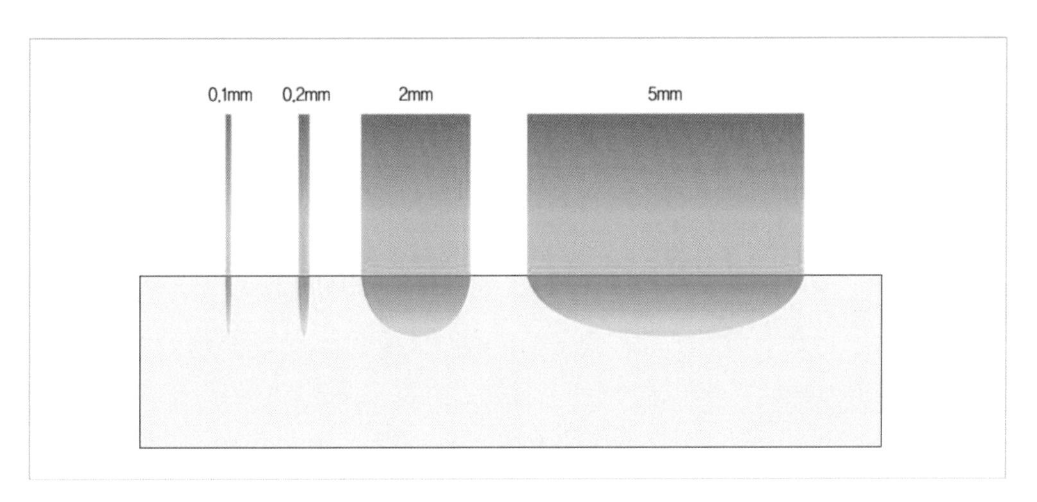


그림 3-6-H-3. 스폿크기와 조직의 절개 및 증발

조직을 절개하고자 할 때에는 스폿크기가 더 작은 것을 이용해야 하고 피부재생술을 하고자 할 때에는 스폿크기가 큰 것을 사용하여야 한다. 연속파 $CO_2$ 레이저를 조직 절개의 목적으로 이용할 때에는 직경이 0.1~0.2mm인 매우 작은 스폿크기를 사용하고, 펄스 $CO_2$ 레이저를 넓은 피부병변을 파괴하고 증발시켜버릴 목적으로 이용할 때에는 직경이 2~5mm인 큰 스폿크기를 사용한다. 특히 조직을 증발시킬 목적으로 $CO_2$ 레이저를 사용할 때는 직경 2~5mm의 큰 스폿크기를 사용하고 펄스기간이

695-950μsec(피부의 열이완시간) 미만이며 에너지밀도가 4~5J/㎠(증발문턱값) 이상인 경우 이상적이라고 한다. 큰 스폿크기를 사용하면 조직이 더 매끈하게 그리고 더 균등하게 증발한다. 하지만 스폿크기가 큰 경우 출력밀도가 현저히 희박해지고 열 축적과 숯이 생겨 흉터가 생길 위험이 있다. 반면 작은 스폿크기를 이용하면 표면이 편평하지 못하게 된다는 단점이 있다.

시술 시 출력이 너무 낮으면 조직이 증발해 버리지 않고 숯이 되어 버린다. 조직이 숯으로 변하는 경우 레이저빔의 스폿크기를 줄여 에너지밀도를 증가시켜서 조직의 증발속도를 빠르게 하여 방지할 수 있다. 또한, 절개를 하는 도중 지혈과 혈관 응고가 요구될 때에는 초점거리를 벗어나게 디포커싱하여 조사한다. 레이저박피술을 시행할 경우는 시술 중 스폿크기와 에너지밀도를 정확히 유지하기 위해 특수한 핸드피스(collimated hand piece)를 사용하여 오차가 생기지 않도록 하는 것이 좋다.

하지만 조직의 수분을 공격하여 열로 피부조직을 파괴하는 형태의 레이저가 아닌, 색소병변이나 혈관병변들을 치료하는 계열의 레이저 및 IPL은 다른 개념으로 이해하여야 한다. 이 레이저들은 스폿크기가 클수록 주변부에 산란되는 양이 적고 특정 파장이 조직을 더 깊이 침투하게 하며, 일정 면적을 치료하는 소요시간이 짧아지게 된다. 레이저의 스폿크기가 작아지면 산란으로 인하여 피부 깊숙이 침투하는데 어려움이 발생하므로, 동일한 출력에서 스폿크기가 클 경우 레이저의 침투 효과가 높다. 그러므로 표피의 병변의 경우는 스폿크기에 관련없이 치료가 가능하지만, 진피의 병변들은 스폿크기가 작을 경우 침투가 되지 않기 때문에 치료에 어려움이 따르게 된다. 그래서 기본적으로 진피 병변을 치료할 경우 스폿크기는 3~5mm는 되어야 효과가 있다.

참고로 산란의 정도는 조직의 치밀도와 빛의 파장이 관련되는데, 피부에서는 대개 치밀도가 사람마다 큰 편차를 보이지 않을 것이므로 파장의 길이가 침투에 중요한 역할을 할 것이다. 파장이 길수록 산란이 적어서 더 깊이 들어가며, 파장이 짧을수록 산란에 의해 깊게 투과되지 못하게 된다.

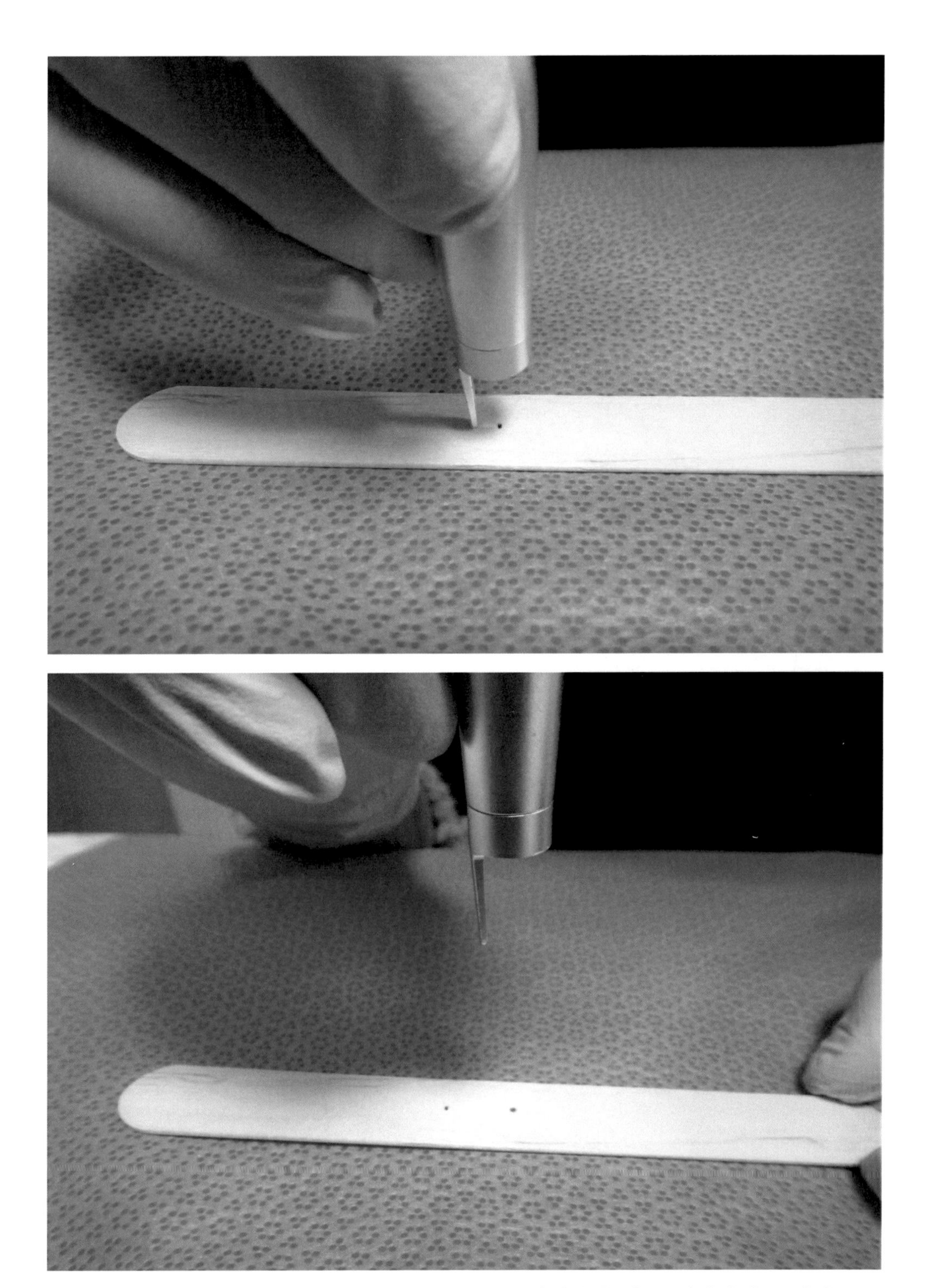

사진 3-6-H-4~5. $CO_2$ 레이저를 포커싱과 디포커싱하여 나무 설압자에 조사하는 모습

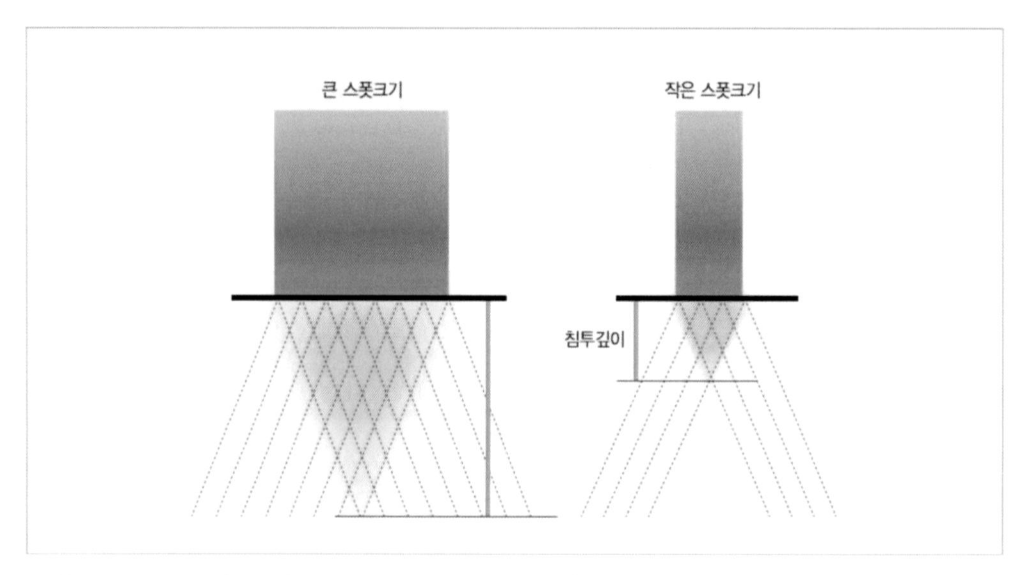


그림 3-6-H-6. 빛의 산란 때문에 스폿크기가 클수록 깊이 침투된다.

## 참고문헌

1. 강진성. 성형외과학. Third Edition. Volume 4. 얼굴(3). 군자출판사 2004; 2031-46.
2. 강진수. Useful method of $CO_2$ Laser. 대한피부과학회 학술대회발표집 2013; 65 (2): 146-9.
3. 계영철. 피부질환에 대한 레이저의 임상적 이용. 개정2판. 고려의학 2002: 15.
4. 김덕원. 의료용 Laser. 한국광학회지 1990; 1 (1): 107-13.
5. 박승하. 레이저성형. 군자출판사 2008: 26-39.
6. 손정영. 레이저 응용 - 의과학분야. 전기의 세계 1993; 42 (6): 18-25.
7. 월간 전자기술 편집위원회. Electronics plus 전자용어사전. 성안당 2011: 977.
8. 허수진. 의학에서의 레이저의 응용. 울산의대학술지 1995; 4 (2): 1-7.

*1. Tunér J, Hode L. Laser Therapy Clinical Practice & Scientific Background. Prima Books 2002: 16-7.

## I. 피부 냉각장치

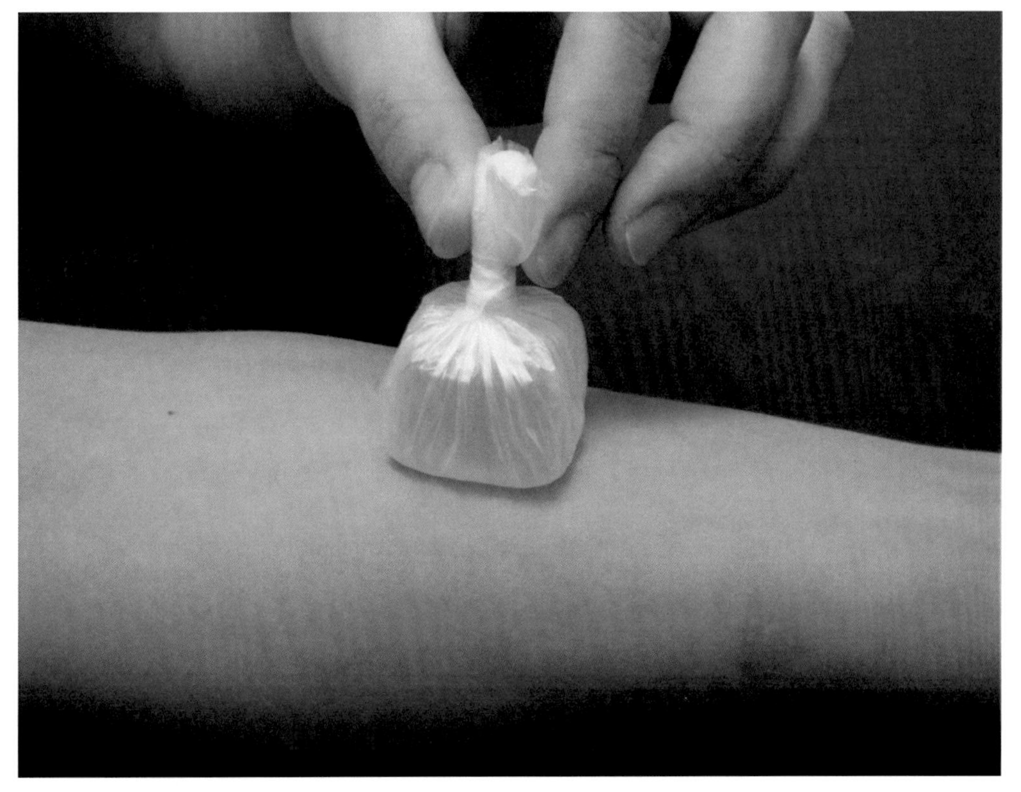

사진 3-6-I-1. 얼음 조각을 이용한 피부의 냉각

레이저 시술로 인한 열 손상으로 흉터와 색소침착이 발생하는 것을 줄이기 위한 노력의 하나로, 1982년 Gilchrest 등은 아르곤레이저로 포도주색모반을 치료하기 전 2~3분간 얼음 조각을 이용해 피부를 냉각시키는 방법을 보고하였다. 레이저에 의한 비특이적인 열 효과로부터 각질형성세포와 섬유모세포가 보호받을 수 있어서 더 나은 결과를 보인다는 것이다. 레이저 시술 전 조직을 냉각시키는 이와 같은 기초적인 노력은 이후 레이저 핸드피스 팁에 접촉 냉각장치를 부착하거나, 냉각 스프레이를 이용한 동적 냉각(dynamic cooling) 방식으로 이어지는 계기가 되었다

모든 피부냉각 방법들은 열을 피부로부터 기체, 액체 또는 저온의 고체와 같은 어떤 접촉 냉각물질까지 제거하는 기전을 가진다. 특히 높은 출력과 긴 조사시간이 요구되는 제모용 레이저나 혈관 병변 치료용 레이저는 치료 효과를 높이고 부작용을 피하기

위해 반드시 표피를 냉각시켜 보존할 필요가 있다. 그러므로 이러한 레이저들은 표피 손상을 감소시키기 위하여 여러 가지 냉각장치를 사용하고 있는데, 현재 두 가지의 냉각방식이 주로 이용되고 있다.

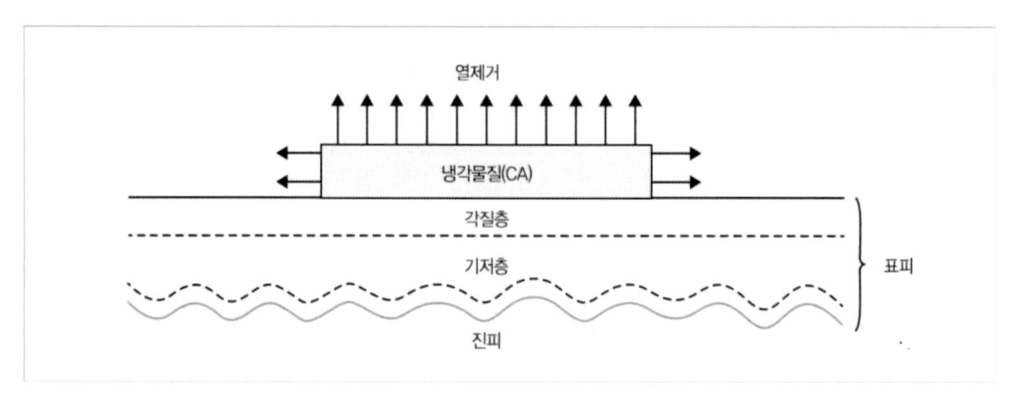


그림 3-6-1-2. 피부냉각의 개요

## (1) 분사방식

사진 3-6-1-3. 분사방식

테트라플루오로에탄(tetrafluoroethane)과 같은 냉매를 분사하여 냉각 효과를 나타내는 냉매분사방식을 말한다. 이러한 냉각방식은 냉각속도가 빠르고 선택적인 냉각이 가능한 장점이 있지만, 피부의 결빙을 초래할 수 있고 경우에 따라 피부에 비가역적인 변화를 초래할 수도 있다는 단점을 가지고 있다.

## (2) 접촉방식

사진 3-6-I-4. 접촉방식

냉각수가 순환되고 있는 사파이어판을 피부에 직접 접촉하여 피부 온도를 떨어뜨리는 접촉냉각방식을 말한다. 피부의 결빙이 발생하지 않아 시술이 안전하다는 장점이 있지만, 시술 중 지속적으로 피부를 냉각시키므로 사용 시간만큼 진피까지 온도가 낮아져, 에너지 효율이 떨어진다는 단점이 있다.

하지만 두 방식 모두 표피 기저부의 온도가 -5˚C ~ 5˚C 사이로 냉각 효과의 차이는 없는 것으로 알려진다. 10msec 이상의 조사시간을 가지는 롱펄스 레이저에 있어서는 접촉냉각방식이 유리하고, 10msec 이하의 조사시간을 가지는 레이저에서는 냉매분사방식이 유리하다는 견해가 있다. 모발과 같이 열이완시간이 긴 경우는 접촉냉각방식이 좋고, 산화헤모글로빈이나 멜라닌세포처럼 열이완시간이 짧은 경우에는 냉매분사방식이 효과적이라는 것이다. 또한, 냉각된 공기를 이용하는 경우도 있는데, 이는 조사시간이 짧은 펄스형 레이저 사용 시에 효과적인 것으로 알려지고 있다.

## 참고문헌

1. 계영철. 피부질환에 대한 레이저의 임상적 이용. 개정2판. 고려의학 2002: 16-7.
2. 박영립, 홍창권, 김문범 등. 피부질환의 치료. In: 대한피부과학회 교과서편찬위원회. 피부과학. 제6판. 도서출판 대한의학 2014: 914.
3. 박승하. 레이저성형. 군자출판사 2008: 36-7.

*1. Altshuler GB, Zenzie HH, Erofeev AV, Smirnov MZ, Anderson RR, Dierickx C. Contact cooling of the skin. Phys Med Biol 1999; 44 (4): 1003-23.
*2. Anderson RR, Parrish JA. Selective photothermolysis: precise microsurgery by selective absorption of pulsed radiation. Science 1983; 220: 524-7.
*3. Anvari B, Milner TE, Tanenbaum BS, Kimel S, Svaasand LO, Nelson JS. A theoretical study of the thermal response of skin to cryogen cooling and pulsed laser irradiation: implications for the treatment of port wine stain. Phys Med Biol 1995; 40: 1451-65.
*4. Anvari B, Milner TE, Tanenbaum BS, Kimel S, Svaasand LO, Nelson JS.

Selective cooling of biological tissues: application for thermally mediated therapeutic procedures. Phys Med Biol 1995; 40: 241-52.
*5. Anvari B, Ver Steeg BJ, Milner TE, Tanenbaum BS, Klein TJ, Gerstner E, Kimel S, Nelson JS. Cryogen spray cooling of human skin: effects of humidity level, spraying distance, and cryogen boiling point. Proc SPIE 1997; 3192: 106-10.
*6. Buscher BA, McMeekin TO, Goodwin D. Treatment of leg telangiectasia by using a long-pulse dye laser at 595 nm with and without dynamic cooling device. Lasers Surg Med 2000; 27 (2): 171-5.
*7. Chess C. Does simultaneous contact cooling reduce intravascular temperature during laser irradiation and impinge on selective vascular destruction? Dermatol Surg 1998; 24 (3): 404-5.
*8. Chess C. Regarding the use of contact cooling devices during laser treatment of spider leg veins. Dermatol Surg 2000; 26 (1): 92-3.
*9. Fiskerstran EJ, Ryggen K, Norvang LT, Svaasand LO. Clinical effects of dynamic cooling during pulsed laser treatment of port-wine stains. Lasers Med Sci 1997; 12 (4): 320-7.
*10. Gilchrest BA, Rosen S, Noe JM. Chilling port wine stains improves the response to argon laser therapy. Plast Reconstr Surg 1982; 69 (2): 278-83.
*11. Klavuhn KG, Green D. Importance of cutaneous cooling during photothermal epilation: theoretical and practical considerations. Lasers Surg Med 2002; 31 (2): 97-105.
*12. Nahm WK, Tsoukas MM, Falanga V, Carson PA, Sami N, Touma DJ. Preliminary study of fine changes in the duration of dynamic cooling during 755-nm laser hair removal on pain and epidermal damage in patients with skin types III-V. Lasers Surg Med 2002; 31 (4): 247-51.
*13. Nelson JS, Majaron B, Kelly KM. Active skin cooling in conjunction with laser dermatologic surgery. Semin Cutan Med Surg 2000; 19 (4): 253-66.
*14. Nelson JS, Milner TE, Anvari B, Tanenbaum BS, Kimel S, Svaasand

LO, Jacques SL. Dynamic epidermal cooling during pulsed laser treatment of port wine stain: a new methodology with preliminary clinical evaluation. Arch Dermatol 1995; 131: 695-700.

*15. Torres JH, Anvari B, Milner TE, Tanenbaum BS, Milner TE, Yu JC, Nelson JS. Internal temperature measurements in response to cryogen spray cooling of a skin phantom. Proc SPIE 1999; 3590: 11-9.

*16. Waldorf HA, Alster TS, McMillan K, Kauvar AN, Geronemus RG, Nelson JS. Effect of dynamic cooling on 585-nm pulsed dye laser treatment of port-wine stain birthmarks. Dermatol Surg 1997; 23 (8): 657-62.

*17. White JM, Siegfried E, Boulden M, Padda G. Possible hazards of cryogen use with pulsed dye laser. A case report and summary. Dermatol Surg 1999; 25 (3): 250-2.

*18. Zenzie HH, Altshuler GB, Smirnov MZ, Anderson RR. Evaluation of cooling methods for laser dermatology. Lasers Surg Med 2000; 26 (2): 130-44.

# 찾아보기(영문)

# 찾아보기(한글)